职场得心应手
生活游刃有余
你与这样的人生
只隔一本书

优秀职业女性掌控生活的智慧

万千优秀职业女性“智慧生活”之大成！

不抱怨、不怠慢、不纠结、不慌乱，从容应对，泰然处之，一切尽在掌握之中！

推荐用书

陈　曦　王逸飞◎编著

中国妇女出版社

图书在版编目（CIP）数据

优秀职业女性掌控生活的智慧 / 陈曦，王逸飞编著. -- 北京：中国妇女出版社，2015.1

ISBN 978-7-5127-0975-1

Ⅰ. ①优…　Ⅱ. ①陈… ②王…　Ⅲ. ①女性－人生哲学－通俗读物　Ⅳ. ①B821-49

中国版本图书馆CIP数据核字(2014)第290630号

优秀职业女性掌控生活的智慧

作　　者：陈　曦　王逸飞　编著
责任编辑：孔　姿
责任印制：王卫东
封面设计：国风设计
出版发行：中国妇女出版社
地　　址：北京市东城区史家胡同甲 24 号
邮　　编：100010
电　　话：010-65133160（发行部）　65133161（邮购）
网　　址：www.womenbooks.com.cn
经　　销：各地新华书店
印　　刷：北京柯蓝博泰印务有限公司
开　　本：170×240　1/16
印　　张：15.75
字　　数：205 千字
版　　次：2015 年 1 月第 1 版
印　　次：2015 年 1 月第 1 次
书　　号：ISBN 978-7-5127-0975-1
定　　价：35.80 元

前言

Preface

先贤孟子说："鱼，我所欲也；熊掌，亦我所欲也。二者不可得兼。"千百年来，鱼和熊掌，两者似乎只能有一个选择。然而，当时代的列车轰隆隆开到21世纪，这样的选择于新时代的职业女性而言，却有了全新的释义——那些优秀的职业女性，不仅让生活丰富多彩，也让工作风生水起，鱼和熊掌，都被她们紧紧地握在手中！

这不是奇迹，而是智慧！

工作和生活是每个人一生中最重要的两件事，只有用智慧我们才能真正去理解和把握工作和生活的真谛，把工作和生活都紧握在手。优秀职业女性懂得对工作投入百分之百的努力，懂得对家庭倾注百分之百的真情，既能纵横江湖笑傲职场，又能出得厅堂入得厨房；她有端庄的形象，有干练的能力，有独立的人格，有丰盈的情怀；她是职场最靠得住的栋梁，是丈夫最有力的后盾，是孩子最温暖的怀抱，是父母最孝顺的女儿，是朋友最亲近的伙伴；她爱工作，爱家庭，爱孩子，爱自己，懂得掌控工作，也懂得掌控生活，她让自己的工作成绩显著，让自己的小家温馨甜蜜；她似穿花的蝴蝶，像灵巧的游鱼，在压力重重的生活和工作间自如穿梭，在家庭和事业之间游刃有余；她让自己越来越优秀，让工作越来越顺利，让家庭越来越和谐，让人生越来越完美。这样的女性，就是真正聪明的、智慧的、优秀的职业女性！

周国平说："伟大、精彩、成功都不算什么，只有把平凡的生活真正过好，人生才是圆满。"这是看透生活的智者对于人生最为精准的了悟，也是优秀职业女性对人生的真正态度。她们或许不曾有顶天立地的壮志，或许不曾有改天变地的能力，但她们比谁都懂得生活的重要，比谁都懂得做好自己的重要。她们不论多累，都一定会坚守自己的岗位，努力把分内的工作做到最好；她们无论多忙，都要留一点时间给自己，和爱人共享甜蜜的一刻，和孩子嬉戏，和父母聊天，和朋友对弈……

本书全面总结了诸多优秀职业女性驾驭工作和掌控生活的智慧，深入分析了优秀职业女性如何掌控工作也掌控生活的技巧，希望有更多的职业女性能从书中体味智慧的活法，了悟工作的真谛，明白生活的意义，把工作和生活、把家庭和事业都紧紧地握在手中！

书中部分案例参考和借鉴了相关资料，因作者信息标注不明确等原因，未能与著作权拥有者取得联系，如有转载其拥有著作权的作品时，请与我们联系。

目录

Contents

第一章　工作VS生活，拥有智慧才能从容应对

工作和生活，是现代职业女性至为重要的两件大事，也是很多职业女性因无法平衡二者而难以摆脱的“苦海”。如何既做好工作，又管好家庭，平衡工作和生活，让工作更出色，让家庭更幸福，已经成为众多职业女性最渴望学到的技巧和秘诀。其实秘诀只有一个：智慧！拥有智慧就能左右平衡，拥有智慧就能从容应对。

第二章　玩转工作，笑傲职场：优秀职业女性让事业风生水起的智慧

常言道，“职场如战场。”一入职场，不分男女，都是战士。女性要玩转职场，把自己的工作做得完美无缺，让自己的事业风生水起，不经过一番激烈的厮杀几乎是不可能的。然而，职场拼杀，需要的不仅仅是勇气，

最重要的是智慧！只有明白规则、端正态度、敢于拼搏、乐于付出，并且懂得发挥自己的优势，才能洞悉先机，赢得胜利。

第三章 追求浪漫，恪守理智：优秀职业女性拥抱完美爱情的智慧

“女儿是水做的骨肉”，更是情做的骨肉。爱情对于女性，从某种程度而言，或许更胜于生命！然而，情路崎岖，情场坎坷，因遇人不淑被情所伤、为情而痛几乎是每一个女性成长过程中的必经之痛。如何擦亮眼睛，看清爱情，脱出情困，拥抱完美的爱情？既追求浪漫又恪守理智，是优秀职业女性拥抱完美爱情的秘诀。

第四章 经营婚姻，守护幸福：优秀职业女性营建和谐家庭的智慧

优秀的职业女性懂得，婚姻不是爱情的坟墓，而是幸福的开始。所以，她们舍得用全部的心来认真经营自己的婚姻，全力守护自己的幸福。职场有职场的规则，婚姻有婚姻的秘密，她们明白如何把干练和温柔用到不同的地方，懂得自己在家庭中的角色和地位，懂得夫妻相处的艺术，更懂得以一种“小女人”的姿态进入家庭，因而她们的家庭永远温馨甜蜜，幸福满溢！

第五章 学会平衡，全面掌控：优秀职业女性兼顾工作和家庭的智慧

优秀职业女性最懂得平衡的智慧。她不是“拼命三娘”，她不会为了事业忘记了家庭；她也不是市井愚妇，只懂得围着丈夫和锅台转。她有自己的思想，有自己对人生的了悟，既能做好工作，也会掌控生活，所以她的工作越来越优秀，家庭越来越和谐，人生也越来越幸福，越来越美满！

第六章 精心呵护，全心关爱：优秀职业女性当个好妈妈的智慧

既能做好工作，也能管好家庭，更能育好孩子，这就是优秀职业女性的高明之处。她们对孩子，既精心呵护，全心关爱，懂得尊重，科学育养；也懂得珍惜和孩子在一起的每一分每一秒，懂得如何给孩子最好的关爱，最好的环境，最好的营养。她们不仅是职场的精英，也是称职的妈妈。

第七章 科学育儿，智慧教子：优秀职业女性教养子女的智慧

优秀的职业女性教育孩子，不是打骂，是沟通；不是打击，是鼓励；不是一味地只看分数看成绩，而是更加注重培养孩子健全的人格，广泛的兴趣。她们不仅是孩子成长道路上的指路人，更是孩子成长过程中的好伙伴，是孩子最知心的好朋友。

第八章　呵护自己，关爱身体：优秀职业女性疼爱和抚慰自己的智慧

职业女性只有照顾好自己，才能更好地去爱别人。你若不爱自己，谁会来爱你。女人爱自己，必须要先接受自己、包容自己、相信自己、欣赏自己。职业女性应该拿出一点点时间来爱自己，爱自己的容颜，爱自己的身体，唯其如此，生活才能多一份信心与勇气，成功与幸福才会永远相伴。

第九章　心态阳光，生活精彩：优秀职业女性让人生更加精致和从容的智慧

心态决定一切，生命的质量取决于心态的好坏。一个人只有心态阳光，万事才能看得开，才能活得真实，活得潇洒，活得精彩。一个女人，如果没有良好的心态，智商再高也会受到生活的嘲弄。端正自己的心态，用积极、乐观的态度面对生活，你会发现，生活中不如意的事情变少了，心情也越来越好了，这才是精彩人生的真谛。

第一章　工作VS生活，拥有智慧才能从容应对

工作和生活，是现代职业女性至为重要的两件大事，也是很多职业女性因无法平衡二者而难以摆脱的“苦海”。如何既做好工作，又管好家庭，平衡工作和生活，让工作更出色，让家庭更幸福，已经成为众多职业女性最渴望学到的技巧和秘诀。其实秘诀只有一个：智慧！拥有智慧就能左右平衡，拥有智慧就能从容应对。

1

工作是职业女性的快乐之本

柴、米、油、盐、酱、醋、茶。作为一名现代女性，肯定没有人愿意仅仅与这些东西打交道。随着社会生活形态的改变，传统上以家庭生活为主轴的女性朋友们，开始将生活中的大量时间投注在职场，于是社会角色的多重化变成一个令人不可忽视的问题，而相对衍生出来的现象就是上班族女性的生活压力剧增与身心调适障碍。因此，对于如今的女性来说，能做个快乐、充实、不忙乱疲累的现代上班女性，着实是一个不简单的任务。

赶时间上班，赶时间买菜、做饭，还得腾出空来与子女互动和家人联络感情，好像永远没有时间休息。一遇假日，只想什么事都不去做，好好睡一整天，但洗床单、采购生活必需品、小孩上才艺班等任务又在等着，“一支蜡烛两头烧”，这可以说是职场女性生活的真实写照。

事业女强人与贤妻良母、好媳妇都是我们女性追求的目标，但总会碰上它们彼此冲突的时候，譬如赶工作进度与全家外出郊游、逛街若是在同一天。每每这时，要做个决定所耗费的心力足以让人身心俱疲。

曾经是闺房中一朵柔弱娇花的我们，面对如此多的压力，肯定会感到忙乱、疲惫。正因如此，有些女性最终选择了放弃工作，然而这并没有让她们从痛苦中摆脱出来，反而由于失去了工作导致内心的空虚。因为失去了自食其力的条件，她们每天都生活在对未来的忧虑中。

其实，作为一名现代职业女性，工作才是我们的快乐之本，也只有投身到工作中，我们才能在生活中也保持快乐、愉悦的心情。工作看似给了我们很多烦恼，但是它却能让我们从空虚中解脱出来，从枯燥的家务事中解脱出来，让我们保持更强的活力和竞争欲望，而不是成为一个专职“保姆”。

高考发挥失常，小丽勉强进了大专，学习国际贸易专业。三年学习下来，小丽最得意的还是她的英语水平，读书时到企业实习做英语翻译，还接过几单英语翻译的活儿。毕业后，大学生就业形势严峻，研究生找工作都困难，更别说是一个大专学历的女孩子了。小丽凭借自己良好的英语底子，到一家做能源的外企驻京办事处申请了份前台的工作。虽然职位看起来不怎么样，但小丽有自己的想法，这只是她的一个跳板，她先要站稳脚跟。小丽长得很漂亮，当时有一个读研究生的男朋友。在小丽心目中，她始终认为自己起点低，虽然工作后上班忙碌，但小丽从不放弃自己的梦想，小丽的目标是今后能做一名财务人员，譬如会计，这样当自己容颜老去之时，至少还有一项越老越吃香的技能傍身。她要让以后的工作越来越好，还要和现在的男朋友——未来的老公一起经营美好的生活，这是她的梦想。

前台的工作不是很忙，但小丽工作细心，深得领导喜欢，再加上她性格温和、态度端正、热爱学习，公司同事也都喜欢她。小丽所在的这个外企工作氛围很好，公司的中、高层领导都背景不错，高学历和优越的家庭条件是这些高管的标志，有这些榜样在身边，公司员工普遍有很高的学习热情，大家都为更美好的前程奋斗。就说小丽所在的前台，另外两位MM也同小丽一样，一边工作，一边忙着进修。同时她们又是一群可爱的女孩子，忙工作也忙生活，真是工作学习、美容打扮拍拖一样也不耽误。小丽上班半年后的一天，相恋两年的男朋友跟她分手了，理由是嫌她学历太低。小丽伤心一段时间后告诉自己“要强大”，她发现只有通过工作变得更加强大，才能获得真正的快乐。

小丽白天忙着上班，晚上学习财务知识，同时利用周末的时间学习成人本科教程。在一次公司内部招聘的时候，小丽的财务知识达到了一定水平，已经考取了基本的会计证书。小丽申请了内部财务部的职位，鉴于小丽在各方面的优秀表现，公司将这个机会给了这个刻苦努力又漂亮的女孩子。小丽孜孜不倦，不停地提高自己，后来学习考取了 CAAC 证书。公司看到她的出色表现，赞助她读取了 MBA 课程。期间，小丽被所在企业的一位单身副总盯上，后来成了副总夫人，现在他们生了一个可爱的儿子。他们夫妻两人很爱旅游和打高尔夫球，经常在周末和假期坐飞机、坐轮船到世界各国旅游观光，或者开着他们名贵的轿车去打高尔夫球。

小丽进步的整个过程，也不过七八年时间，她凭借自己在工作上的刻苦，完全将自己的人生改写了。很多人在羡慕她有好运的同时，也应该想想，她背后付出了多少异于常人的努力，所谓“人前光鲜，人后吃苦”、“台上一分钟，台下十年功”说的都是这个道理。

不要轻易为了任何事情而放弃我们的工作，要把握好人生最美好的几年，你想要的快乐生活就近在咫尺。作为一名现代女性，首先要通过工作丰富自己，才能丰富生活，丰富人生，获得真正的快乐。

首先，工作能够让我们更有智慧，也能够让我们在生活中做出更正确的选择，从而在结果中收获快乐。作为一名现代女性，光是美丽贤淑显然不能让我们成为生活的赢家，毕竟这样只能让我们成为一只“待宰羔羊”，随时可能落入“狼”口，让一生都沉浸在痛苦之中。只有我们通过工作不断丰富自己的知识与阅历，才能够成为一只凤凰，在用夺目的光彩引得一声声赞叹时，也让那些“狼”永远不敢靠近。

其次，工作能够让我们创造属于自己的价值。作为一名“家庭主妇”，我们对于家庭的价值不言而喻。然而，我们除了要实现对家庭的价值，同样也需要满足自身对自我价值的需求。每一个人当然也包括我们女性都有实现自我价值的基本需求，这是我们作为人与生俱来的愿望。因此，作为一名职业女性，我们只有通过工作方能创造属于自己的价值，从而在满足对自我价值的需求中不断获得快乐。

再次，工作恰巧填补了我们“无所事事”的时间。我相信作为一名女性，只要我们的家不是一座城堡，那么家务事总有忙完的时候。当我们将家打理得井井有条之后，我们很可能会在空虚中白白虚度了光阴。人类最大的敌人绝不是忙碌或压力，而是空虚。只有我们选择去工作，让自己真正成为现代职业女性，我们才能在通过工作将空虚填补的过程中获得意想不到的快乐。

最后，工作还能缓解我们的寂寞。如果我们选择放弃工作而专心顾家，那么“独守空房”的寂寞一定会给我们带来不小的痛苦。我们的丈夫每天肯定要去工作，孩子每天也一定会去上学，而身边的朋友也大都在职场中拼搏，这让我们俨然成为了“孤家寡人”，甚至连找人聊聊天、说说话都难。只有我们选择投身工作，才能够扩大我们的交际圈，让我们在与同事的交流中，在与业务的一次次“较量”中真正充实自己，获得快乐。

我们是在职场中翩翩起舞的职业女性，工作才是我们的舞台，让我们才华尽显，在一次次喝彩中收获快乐。不要让自己成为笼中的金丝雀，那样虽然衣食无忧然而却永远禁锢了自己，失去了追求快乐的权利。

飞离“全职太太”的牢笼，职场的天空才是我们职业女性的最终归宿。

2

生活是职业女性的幸福之基

工作对于我们职业女性固然重要，然而我们却也不能因此抛弃我们的女性“角色”。我们自古以来的文化传统是永远无法舍弃的，女性在生活中扮演的角色往往比工作中更加重要。一个不懂生活的女性绝对称不上是一名合格的职业女性，只有我们做到“上得了厅堂，下得了厨房，能干得好工作，更能逛得好商场”，才能抓住我们的幸福之基，迎接快乐美好的未来。

作为一名女性，我们从心底一定是不愿意被人称为“铁娘子”、“母老虎”的，每一个女性心里都愿做一个“芭比娃娃”，让所有人都为我们的美丽身姿和女性气质所动容。这不仅要求我们会“打扮”，更要求我们懂生活，能够将自己的生活与事业一样处理得风生水起。

职场女性也是女人，我们的内心一定有着柔弱的一面，有着顾家的一面，有着想找个肩膀依靠的一面，也有着成为人母的愿望，甚至是走上T台的愿望。展现女性气质是我们作为女人与生俱来的心理需要，而“男人婆”则是对于任何一名女性最大的否定，我相信谁也不愿意从他人口中听到这样的称谓。而彰显女性气质的关键，就在于我们是否能够将生活也经营得有声有色。

邓亚萍是我国著名的乒乓球世界冠军。当年，只有15岁的邓亚萍进入国家乒乓球队后，很快显现出非凡的技艺。几乎在同一时间，比邓亚萍年长两岁的林志刚也加入了国家队男队。来自广东的林志刚左手横握球拍、反胶弧圈球快攻的打法在他那一代男队员中非常突出。共同的事业和追求把他们连在了一起，向来喜欢刻苦钻研的邓亚萍常找林志刚切磋球技，林志刚也乐于当邓亚萍的陪练。慢慢地，这两个年轻人产生了朦胧的情愫。

他们恋爱了。二十多年后，两个年轻人经过分分合合，终于结束了这段爱情长跑，喜结连理。

在事业上，邓亚萍是不折不扣的女强人。她身上有一股永不服输的劲头，无论是在打球时，还是在退役求学过程中，或是在工作中。退役后，英语水平几乎为零的邓亚萍重新拾起课本，在26个字母都认不全的基础上去北大攻读英语专业。邓亚萍要面对的困难可想而知。但越有困难越有挑战，邓亚萍就越勇于面对。打乒乓球时，邓亚萍被专业人士夸为“脑筋灵活剔透，球路变化诡异”。但学英语，只能是踏踏实实，一步一步地打基础。那时的邓亚萍视力竟然从1.5迅速降到0.6，头发也大把大把地脱落。

当英语关对于邓亚萍来说不再是问题时，邓亚萍发现自己还远远不够，又开始攻读硕士，硕士读完又到剑桥读博士。但在爱人林志刚面前，生活中的邓亚萍则是地地道道的小女人姿态。身为家庭主妇的邓亚萍将所有赛场上的锐气消退殆尽，是一个温柔可爱、风情万种的美丽女子，经常亲手下厨给老公做一顿丰盛可口的饭菜。怀孕时，邓亚萍曾经在事业和生孩子之间犹豫徘徊，但她最终决定生下孩子，做到事业和家庭两不误。如今，身兼女强人、妻子和母亲的邓亚萍是成功的。

其实做“女强人”与做懂得生活的女人并不矛盾，我们完全可以像邓亚萍一样成为一名懂得生活的“女强人”。无论我们在外面取得多大的成就，如何威风八面，这只是我们的角色之一。作为女人我们要时刻记得自己应该回归的角色，我们有时可以是女强人，但有时也可以是那个让男人为你开车门、提袋子的“小女人”。

当然，要做到这样的境界并不容易，但是作为职场女性的我们唯有向着这样的境界去努力，才能够真正获得事业与生活的双丰收，让幸福手到擒来。

掌握生活的第一个要点要求我们拥有健康的女性心态，它决定了我们的工作状态、生活状态。心态健康其实对每个人都是重要的，当然也包括我们这些职业女性。由于性格、生理等原因，女性的心态跟男性也不一样，女性要懂得怎么保持自己的女性心态不向男性化发展。比如，觉得心情抑郁的时候该向他人寻求依靠就要去诉苦，千万不能一个人逞强；又好比我们可能经常在有些事情上被男性通过体力和力量上的优势所超越，要以一颗平常心来看待，要想“我是女人，你们男人就应该比我强”。切莫落入与男性在自己不擅长的事情上争个你高我低的心理误区。此外，作为职场女性，我们也要经常锻炼身体，保持一个健康的身体，为心态的健康打下基础；当遇到困难时，找人沟通排解，比如向爱人或者朋友诉说；见人多微笑，不吝啬打招呼等。

第二个要点是要发挥自己在婚姻与家庭中的作用。想要组建一个和谐的家庭最重要的还是有一个好“婚姻”。把“婚姻”的两个字都分别拆开，你就会发现，两个字的部首都是“女”字，所以说女性在婚姻中，也就是家庭生活中有着重要的作用。我们并不否认男人在家庭中的重要性，但是又有多少男人会自己处理衣食住行呢？夫妻关系、婆媳关系、子女关系，女性身兼多职，为人妻、为人母、为人儿媳，要将这些关系都处理好，要将每个角色做到尽善尽美，发挥自己在家庭中身为女性角色的关键作用。

第三个要点是要善于处理人际关系。作为女性，要想让他人认为我们懂得生活，那么维持一个良好的人际关系和口碑是至关重要的。女性相比于男性在处理人际关系上本来就有着天生的优势：我们是女人，是对男人有吸引力的职业女性。既然我们已经利用这个优势“搞定”了人际关系中的部分男性，那么再通过一些处理人际关系的正确方法，我们一定能够让自己的交往圈子更加和谐。交流中最重要的就是诚信，有了诚信，交往才会融洽，才能带来友好的交流，建立更深厚的感情基础。家庭关系、亲朋好友关系、邻里关系、朋友关系、同事关系等等，都需要我们每个人共同的一个品质，如果将它出成一份问卷，那人们的回答一定是：真诚，诚实，理解，忠诚老实，真实，信得过，理智，可靠等，其实这就是诚信。除此之外，还有很多品质在人际关系，也就是在交流中起着至关重要的作用，比如要讲究平等互补，人与人之间相互尊重，相互支持等。所以人与人交往的一个原则就是，要学会和与自己脾气、性格、观念、看法不统一的同性或异性交流和沟通，这样你会在交流中完善自我，在生活中实现个人的价值。

最后一个要点是要学会“示弱”。很多职业女性最后走上了“不归路”都是因为自己过于强势。在传统意识里，女性的一大特点就是“柔弱”，因此只有学会故意让自己显出“弱势”，才能够增强自己的女人味，成为一个懂得生活的“小女人”。有女孩可能会不服气，女人在生活中一定要扮演弱者的形象吗？难道女人不可以一直强大吗？其实，“小女人”并不是要在世人面前做出一副楚楚可怜的弱者姿态，而是要以平等的心态去对待身边的人，不要刻意地逞强，甚至抢了本来应该属于别人的风头。小女人懂得如何通过示弱让男人有面子，有尊严；小女人懂得如何做一个温柔的妻子；小女人懂得耍耍小性子，发发小脾气，做朋友的开心果。小女人并非一味地小，正相反，小女人时弱时强，既让他人不可小看她，也不会觉得有压力。所以，“示弱”是职业女性的一种处世策略，世人并不会因此而否定你真实的能力。相反，他们会因为你给予他们展示能力和尊严的机会而对你心怀感激。

做“事业上的女强人，生活中的小女人”，让我们职业女性在事业上硕果累累的同时，让生活也为我们开出美妙的花朵。在职场中我们彰显“巾帼不让须眉”的气概，在生活中我们谱写温文尔雅的诗篇。在工作中，我们因为努力工作而赢来上司赞许的目光；在生活中，我们因为懂得生活而收获他人的喝彩。

3

工作和生活同样重要

在职业女性群体中有着这样一个亘古不变的话题：是工作重要还是生活重要？有些人认为工作重要，于是她们把全部的精力投入到了工作中，而有些人正好相反，她们把全部的精力都投入到了生活中。然而，将精力投入到工作中的那些人并没有从工作中收获自己想要的幸福和快乐，将精力全部投入到生活中的亦是如此。其实，工作和生活同样重要，它们就好像天平两端的砝码，只有当砝码重量一致时，我们才能够迎来生活与工作的平衡，获得人生的成功。

在如今的职场中，有些职业女性因为拥有良好的教育背景和远大的抱负，在职场上像男人一样骁勇，她们对于每天工作 12 小时毫无惧色，即便面对晚上 9 点开始的工作会议也毫不退缩。中国是女性就业率最高的国家，超过95%，这导致了女性的职业角色在社会角色中的最大化，而对于“男女平等”观念的偏颇认知却让人忽略了男女性别的差异和需求。这让很多职业女性将全部精力投入到工作当中，然而却难以得到女性根本需求上的满足。

而另一个极端现象也在女性职场中蔓延着。如今的职场有一些价值观正在跌落，工作正在丧失其神圣性，它已不再处于人生的中心地位，也不再是唯一衡量、确定和证实个人价值的因素。然而，这种本是正常的社会现象却被我们的心理极端扩大化。很多职业女性希望在工作之中和工作以外都享受发挥自己才情的快感。因为受到“要尽早有能力做自己想做的事”这样想法的影响，女性职场逐渐成为一个背叛的世界，它就像股票的走势一样捉摸不定，很多人只愿意在工作中投入尽可能少的时间。劳动的道德价值已经逐渐被不时发生的身心健康危机冲垮了。

不管是哪一种情况，其实对于我们职业女性来说都是极具“毁灭性”的。如果我们只想去工作而忽略生活，那么我们的女性气质就会逐渐丧失，心理上的女性需求无法得到满足将会导致长久的痛苦。同样，如果我们总是一心“扑”向生活，那么我们就会忽略工作的意义，让我们失去实现自我价值的机会，同样造成了我们的空虚。

我们是职业女性，身兼“职业”和“女性”两种属性，只有我们将它们共同承担，让它们在我们身上交相呼应，才能够真正迎来职业女性的“春天”。也只有这样，职业女性才能真正掌控自己的人生，在工作和生活的平衡中找到通往成功的绝佳路线。

单丹在外企财务部任职，被公认为是能力超群的人，同时她还是一个4岁孩子的妈妈，在家更是贤妻良母。由于她在业务上无人能及的能力，老板决定将她提拔到更高的岗位上。

在得知老板希望自己升任香港分公司的财务总监时，她却惊人地选择了婉拒，这让老板十分困惑。

实际上，这是单丹与丈夫在深思熟虑后一起做出的决定。她说：“不论是提高工资，还是职位升迁，都不能和生活的平衡相提并论。为了家庭生活得到保障，我用了很长时间才构建了现在的平衡，而且每周末我会去参加手工陶艺坊，这个也适合孩子，今年下半年我们要做个展览。我可不愿工作在我的生活中增添更加紧张的节奏。”

其实，她过去很懂得如何往上爬，每两三年她都成功地往上升一级。然而这并没有让她收获到想要的人生幸福，反而让她在生活中成了一个人见人怕的“铁娘子”，险些耽误了终身大事。“把灵魂卖给工作，换来工资单底部更大的总数。”这种新型的浮士德契约在单丹看来显然是个骗局。对于一个拥有和谐家庭的人来说，生活与工作的平衡才更为重要。

单丹正是找到了工作和生活的平衡，既在事业上有所建树，又收获了幸福美满的家庭，真正掌握了打开幸福之门的“钥匙”。其实我们每一个职业女性都应当学会将工作和生活放在同等重要的位置上，因为只有这样才能“鱼与熊掌兼得”。

不懂得将工作和生活摆在同等重要的位置上只会让我们的人生“失衡”，让我们感受到身体的疲累和心灵的紧张。即便是在成功就是衡量个人地位和能力的标准的今天，失衡的人生也越来越受到质疑：成功到底应当在哪里定位？人生的目的、工作的意义、生活的乐趣到底在哪里？是不是事业或生活单方面的成功可以让我们轻易地忽略或是掩盖我们为之所付出的巨大代价？我们踩着失衡的梯子登上的成功峰顶，即使再美再辉煌，也没有意义。因为在失衡的基础上搭建的成功再美丽，也掩饰不住背后的忧伤和空虚。

本来工作与生活是互为补充、互为因果的关系，工作是为了更好地生活，更好地生活又可以促进工作。可是，如果我们在工作上花费更多时间，就意味着会错过生活中更多的享受；如果花更多的时间去投入生活，又会陷入生活的琐碎，工作将会大打折扣。所以要达到一种真正的平衡，就必须在心中将工作与生活放在同等重要的位置上。

工作和生活就像我们的左手和右手，纵使我们是一名职业女性，可也不能让自己忍受“断臂”之苦。在我们工作时要全力以赴，高擎奋斗的大旗，拼搏进取，奋斗不息，把自己的才能和价值发挥到极致，一步一步向成功进军；同时我们也要把生活紧握在手，享受生命中的一切美好，爱情、友情、亲情，做自己喜欢做的事，让生活多彩多姿，活色生香。

不偏左手，也不偏右手，而是让左手右手互握，拉高就低，找到最好的平衡点，达到工作和生活的平衡。将工作与生活同等对待，建立事业成功和生活美满的支点，这就是职场女性得到人生幸福和快乐的秘诀。

4

要工作也要生活，懂得平衡才能从容应对

既然作为职业女性的我们要将生活和工作并重，那么就需要在生活和工作中寻求平衡点。只有我们能够找到工作和生活这座“翘翘板”的平衡点，才能够让它像“天平”一样始终保持平衡，让工作和生活两不误。

有时候，因为现实的种种情况，我们很难做到让生活和工作的“砝码”重量相当，而此时如果我们想让它们保持平衡，就需要调整支点的位置。比如我们近期工作任务紧张，那么我们就要将这个平衡点向工作一端移动；反之，如果我们需要此时在家庭、子女或是亲属上投入更大精力，平衡点就要相应向生活一方偏移。只有这样我们才能够始终保持这座“翘翘板”

的平衡，毕竟我们无法左右生命中突如其来的变故。

当然，移动这个“支点”还是需要一些小技巧的，这样才能够让我们不至于打乱正常的生活和工作秩序，才能让我们在应对突发情况时处变不惊。

首先，我们要学会做一名“足够好”的职场女性。够好指的是已尽心尽力了，不论现实状况如何，记得提醒自己，我已足够好了，接受自己且满足是保持生活和工作稳中有序的最大原则。记得这个原则，并时时提醒自己，追求是无止境的，不要在追求过程中空虚而痛苦。比如，我们一味追求事业上的成功，那么必定会将越来越多的精力投入到工作中，甚至完全忽视生活的重要。然而高处不胜寒，当我们登上事业顶峰的时候，可能会发现我们的生活已经变得一团糟。只有我们学会满足，懂得尽力就好，不在一个方向上无节制地“钻”，我们就不会进入那个“牛角尖”。

其次，要遵循一段时间内只扮演一种角色的原则。角色的多重化是职业妇女的一大特征，但清楚地分割及定位，才能做好事情。上班时不要光想着买什么菜，回家后就把工作暂时放一旁，有效率的生活必须明确而单纯才办得到，而效率是职业女性的必备条件之一。时时提醒自己，一个时间只扮演一种角色。只有这样，我们才能够把每种角色都做到最好，也自然能够找到这其中的平衡点。

再次，给自己多一点时间了解自己。认识自己的特性及喜恶很重要，相信许多人被问及“你是怎样一个人？”时能自信且不带迟疑朗朗说出来的人并不太多。请多给自己一些时间，若没有自我的认识及追求，我们就很难找到自己工作和生活的平衡点，毕竟每一个人擅长和喜欢的东西并不一样。

最后，学会向他人倾诉。生而为人皆有烦恼，但是只要告诉先生、家人、同事，甚或心理医师，被了解与获得同理心的对待本身就是一项强而有力的支持，不要不好意思，掩饰不代表坚强，真正的坚强来自于满足和快乐。有时我们正是因为不会倾诉，导致工作或生活中的压力积蓄在内心，以至于在工作中被生活的烦恼所纠缠，在生活中被工作的压力所困扰，结果人生的“天平”在这种干扰下左右摇摆。而如果我们将这些倾诉出来，就能让这些负面情绪得到很好的缓解，而生活与工作也就自然能重回平衡的状态。

可能我们在职场路上已经走得太远、太久，甚至让我们忘记了为什么而出发。生活和工作是我们人生历程中两个同样重要的组成部分，只有我们学会在它们之间找到平衡点，我们才能在平稳中享尽人生最美的岁月。

5

顾此不失彼，最需要的是智慧

我们都已经知道了作为职场女性将生活和工作摆在同等位置的重要性，也知道了寻找工作和生活平衡点的方法，然而我们离成功还是差了那么一小步，当然这也是非常关键的一步。

人的精力总是有限的，有时我们并非不想将工作和生活都重视起来，而总是顾此失彼，分身乏术。这就需要我们在工作和生活中利用智慧来减轻自己的压力，让我们真正做一个能轻松应对生活和工作的职场女性。

人生并没有一成之规，每一个人的现实处境都不尽相同，我们的性格和喜好也不尽相同。因此，在寻找生活和工作的平衡点上，没有人能够帮助我们，只能依靠我们自己，此时运用我们的智慧就显得格外重要。因为我们没有他人的经验可以借鉴，也没有他人的帮助能够依靠。

只有用智慧我们才能真正去理解和把握工作和生活的真正目的。应认真分析工作和生活两者间的必然联系，使得它们之间相互依存，不可顾此失彼。我们应力求使我们周遭的家人、亲友也能分享个中关系，不仅让我们内在与外在保持平衡，工作与生活保持平衡，还要让我们的生活环境以及工作环境永远处于和谐的氛围之中。

既然说到利用智慧来让我们在工作和生活之间顾此也顾彼，那么究竟哪些智慧才是对我们至关重要的呢？

第一，从完美主义“陷阱”中逃脱的智慧。完美主义女性总是预先给自己设定一个十全十美的目标，不管在生活还是工作中凡事力求尽善尽美，一旦做不到就会深深自责、沮丧消沉，由此对自己的能力全面怀疑和否定，陷入完美主义的陷阱。其实，任何事只要我们努力就可以了，不要苛求结果，要学会为自己的每一点努力的成果而喝彩，让自己时刻有成就感，学会知足自信，我们就会发现同时抓住生活与工作并非不可能，有时只是我们把简单的问题复杂化了。

第二，让自己患上“烦恼失忆症”的智慧。难以相处的上司、痛切心扉的失恋、人际关系的烦扰、家庭关系一团糟等，人生烦恼无数，但我们不能对不愉快的经历耿耿于怀，任郁郁寡欢的情绪徘徊不去。我们要尽量学着快速忘记烦恼，不如意时可以找一种迅速转换烦恼情绪的方式，或睡一大觉，或加入朋友聚会，或投入你最喜欢的一项娱乐或运动中，总之是能让你换上烦恼“失忆症”的方式。而对麻烦和困境要坚决做一个“没心没肺”的女人，只有这样我们才能让大脑从困扰中解脱出来，让自己能够冷静运用智慧思考权衡。

第三，让自己拥有找快乐的智慧。快乐并不是我们可遇不可求的东西，快乐完全取决于我们自己的意念。比如，你手头有一堆如山的公务，但是你又希望能够陪陪家人。此时，你可以将工作想象成这是你最喜欢的事，压力减轻，情绪高涨，自然效率倍增，从而也能为陪伴家人争取最多的时间。

成功学家卡耐基说，能接受最坏的情况就能在心理上让你发挥新的能力。事业低潮时你可以转念一想：我都到了低潮了还能坏到哪里去？既然现在无力扭转，不如静下心来将自己生活上的事梳理一番，于是你发现自己利用事业的低潮期能把生活安排得尽善尽美。这样的心境一定会很鼓舞士气，这绝不是阿Q的精神胜利法，而是事情已经糟糕了，不开心也于事无补，不如转换思路，从其他方面先入手，你也许能够在其他事情的进展中获得快乐，从而更好地解决难以应付的困难。

第四，不要在意他人目光的智慧。将生活和工作都牢牢握在手中是每一个职业女性的愿望，然而有些人之所以做不到，正是由于丢弃了自己的意愿。有些人很在意别人的评判，在他人的眼光中找寻自我的价值。如此女人，别人说的每一句话都会对她产生深远的影响，然而他人说的话并不一定对我们有用，很多话反而会打乱我们自己的人生规划。在乎别人的看法只能扰乱自己的方寸。只有不为别人的目光违背自己的心意，尊重自己的生活和工作方式，做我们真正想做的事，我们才会在工作和生活中找到属于我们自己的平衡点，让我们的人生蒸蒸日上。

当我们在工作和生活中顾此失彼时，当我们在为偏重工作还是偏重生活而迷茫时，当我们为找不到工作与生活的平衡点而彷徨时，提醒自己——我们是现代职场女性，我们需要一个饱含智慧的大脑。

让智慧做我们职业女性寻找“平衡点”的探照灯，让智慧带领我们职业女性在工作和生活之间任意徜徉。

第二章　玩转工作，笑傲职场：优秀职业女性让事业风生水起的智慧

常言道，“职场如战场。”一入职场，不分男女，都是战士。女性要玩转职场，把自己的工作做得完美无缺，让自己的事业风生水起，不经过一番激烈的厮杀几乎是不可能的。然而，职场拼杀，需要的不仅仅是勇气，最重要的是智慧！只有明白规则、端正态度、敢于拼搏、乐于付出，并且懂得发挥自己的优势，才能洞悉先机，赢得胜利。

1

上班了就不要把自己再当成女人

作为女人，我们应当有自信，把自己比作这个社会中最美艳的一朵娇花。在平时，我们可以撒娇，我们可以柔弱，我们可以找坚实的肩膀依靠。然而，当我们走入职场，走上我们的工作岗位，请对自己说：“在工作中，我不是女人，我与男人一样可以坚强，可以优秀。”

可能我们中的很多人在工作中有这样的习惯：利用自己身为女人的优势，逃避一些苦活、累活，以自己是女人为借口，将这些工作统统推给“伟岸”的男性同事来做。可能我们这样做能够换来一时的轻松，然而这些苦活、累活背后却是展现自己能力，体现对企业忠诚的一个个机会，我们将这些工作推出去的同时，也就把自己在职场中“盛开”的机会让给了他人。

作为女性，在职场中我们确实有着很多男性所不具备的优势，然而这些优势应当成为我们在工作中谋求更高发展的帮手，而非我们的借口。只有我们发挥自己作为女性职场人的优势，而非依赖身为女性所谓的“柔弱”，我们才能够笑傲职场，在职场中做到自强、自立，甚至比大多数男性职场人都做得更好。

章兰兰，1961年出生于呼和浩特。1979年，她参加高考，成为内蒙古农业大学机械设计制造专业的学生。

那个年代，很多人认为女性应该留在家里，但章兰兰却有一点野心，她渴望成为职业女性，不管让她做什么，她都想要做出一番事业。

1983年，刚刚毕业的章兰兰被分配到389厂工作，她认为是幸运的。光听“航天”这两个字，就感觉很现代化，是个干大事的地方。

她是恢复高考后进入389厂的第二位女大学生。大多数人认为，航天天生就是男人的职场领域，女孩子很难肩负航天重任。

为此，章兰兰开始意识到，自己必须做出点成绩来，才能挺起胸膛在这个行业立足。接连发生的一些事情，让她显得与众不同，平常连男同志都不愿意干的钻炉膛、清废药等脏、累、险工作，她都主动请缨。为了摸清全厂的供热管线布置，她甚至猫着腰在闷热的供热地沟内钻进钻出。在设备管理岗位上，她埋头一干就是9年，走遍了厂区的每个角落，近百座工房、几百台设备都装在了她的脑海里。

随着业务素质和管理水平的提高，1994年，她成长为搞机动工作的“女处长”。2001年，她又兼任生产处和安全处两个处长。2004年，她被任命为副厂长。

在一些特殊行业中，很多人会对女性的能力表示怀疑，甚至女性自身也会不自信。但章兰兰却固执地认为：“工作无性别之分，做工作，不要想到自己是个‘女人’，而要自信、自立、自强。”

在章兰兰的企业里和她共事的90%都是男性，然而她却比任何人做得都好。人不能选择自己的性别，但工作是智慧的较量，与性别无关，女性完全可以做得和男性一样出色。

在工作中，只有我们不把自己当作女性特殊看待，我们才能找到真正的自信。女性可能确实天生在力量上、身体上不如男性，然而这并不代表我们在意志上、智慧上也弱于男性。只有我们从心底不以自己是女人为借口，我们才能在面对工作上的困难和挑战时勇于承担，从一次次成功中获得自信。而如果我们只是以自己是女人作为借口一味逃避，那么最终我们也只能从职场中淘汰。

另外，只有我们在工作中不把自己当女性，我们才能真正激发自身潜能，突破职业生涯的“瓶颈”，向着更高的位置攀登。人的潜能是非常巨大的，然而它平时却隐藏起来，只有在遇到艰苦卓绝的情况时才可能被激发出来。因此，只有我们认为自己能够做任何男性职场人做的工作，甚至比他们做得更好，在困难面前奋起向前，身体里的这股潜能才会被激发出来，而它也将成为我们获得事业成功的绝佳动力。

只有我们用同等的眼光看待自己，我们才能够获得他人同等的认可。在工作中，如果我们首先把自己放在了“弱势”的位置上，那么就千万不要期待他人会给予我们公平的对待。只有我们从一开始就认为自己与男性职场人是一样的，都需要在职场中公平竞争，平等对待，那么我们最终才能够迎来他人同样赞许的目光。

最后要说的一点是，只有我们不把自己当女人，我们才能在工作中肩负起自己的责任，创造属于自己的价值。企业对于任何一个员工的考量标准都是相同的，就是我们能够为企业创造多大的价值，能够肩负多少责任。在这一点上并没有男女之分，我们如果想要在工作中取得更为突出的成绩，那么就必须把自己当男人来“使唤”，从而在责任面前选择肩负而非逃避，在创造价值时也对自己严格要求，不断冲击新的目标。

职场如战场，对每一个身在其中的人都是公平的，女性朋友们更需谨记这一点。我们可以在伴侣面前小鸟依人，可以在朋友面前撒娇，可以在家人面前尽情表现自己的柔弱。然而，当我们走入了职场，我们就要学会“像男人一样去战斗”，为自己的职业生涯去奋斗。当苦尽甘来之时，我们大可以尽情享受自己作为女性的“特权”。

2

做好职业生涯规划，使成功之路更顺畅

在职业生涯中，每一位女性朋友都好像在进行一场未知的旅行，向着我们从来没有到达的前路行进着。虽然我们无法控制未来，不能预知这段旅行将要让我们经历什么，但是我们却可以自己做好充足的准备来应对可能出现的任何情况。

既然是一场旅行，那么我们首先就应当对自己将要行进的路线有一个规划，“摸着石头过河”在职场中可是行不通的。而职业生涯规划恰巧能够成为引领我们走向自己所期望的目的地的重要工具，做好职业生涯规划是每一个职场女性都应当着手去做的工作。

在这个社会里，使女性能够立足的核心正是我们的工作。它不仅是生活的基础，更重要的是它能体现每个人存在的价值。

有些职业女性可能对自己没有一个非常明确的定位，不知道自己将来一定要做什么。许多人根本没有考虑到事业发展会怎么样，只是从哪家企业待遇好、哪家企业名气大来进行盲目的选择。然而，这种选择对于我们的职业生涯来说却是毁灭性的，也许我们能够获得一时的收获，然而这绝不是长久之计。因此，进行职业规划，针对我们每个女性的特点，确立未来发展方向，对我们的一生来说，显得格外重要。

但职业怎么发展，是有一系列科学论证的，这个科学实际上就是职业

生涯设计的过程或者方法。我们必须要根据职业生涯规划理论与原则以及职业成功的标准，掌握正确的职业生涯设计方法，准确进行自我定位，合理规划职业人生，列出具体措施和日程，通过具有前瞻性的职业生涯设计，减少在人生路上的徘徊犹豫，避免浪费时光，为主动迎接未来职业发展的挑战做好充分准备。

进行职业规划前你必须知道的事情：

自己适合从事哪些职业 / 工作；研究自己适合从事哪些职业 / 工作，是职业生涯规划的关键和基础；回答这个问题，要考虑以下各方面的因素：自己所处的职业发展阶段，自己的职业性向（就是职业类型），自己的技能（也就是我们的自身本领，比如专业、爱好、特长等），自己的职业锚（就是职业动机），自己的职业兴趣。

（1）本人所处的职业发展阶段。人生有四个职业发展阶段：

①探索阶段：15 岁至 24 岁之间；

②确立阶段：24 岁至 44 岁之间，这一阶段是大多数人工作周期中的核心部分。这一阶段包括了三个子阶段：尝试子阶段（25 岁至 30 岁之间）、稳定子阶段（30 岁至 40 岁）以及职业中期危机阶段（在 30 多岁和 40 多岁之间的某个时段上）；

③维持阶段：45 岁至 65 岁；

④下降阶段：66 岁以上，退休临近的时候。

处在不同职业发展阶段的人，应考虑不同的事情。例如，在探索阶段，可以多做些尝试、探索，在工作中摸索出本人的职业性向、职业锚、职业兴趣等，逐步找到最适合自己的职业。而 40 岁以上的人，就不应该做过多的尝试，而是应该认真分析，清楚本人的职业锚、职业性向，选择本人有优势的职业做长远的打算。这里的年龄阶段划分还应该针对不同的职业加以区分，例如：在中国，作为职业足球运动员，30 岁已经该退休了；而作为教授，30 岁差不多是最年轻的。

可以看到，目前，在校大学生处在第一阶段——探索阶段。

（2）本人的职业性向。约翰·霍兰德的研究发现，不同的人有不同的人格特征，不同的人格特征适合从事不同的职业，约翰·霍兰德将其分为六种职业性向（类型）：实践性向，研究性向，社会性向，常规性向，企业性向，艺术性向。每一种职业性向适合于特定的若干职业。通过一系列测试，可以确定一个人的职业性向。确定了自己的职业性向，就可以从对应的若干职业中选择到最适合自己的职业。

（3）本人的技能，也就是我们的自身本领，比如专业、爱好、特长等。

（4）本人的职业锚。职业锚 / 动机（Career · Anchor）是职业生涯规划时另一个必须考虑的要素。当一个人不得不做出职业选择的时候，他无论如何都不会放弃的那种职业中至关重要的东西或价值观就是职业锚。职业锚是人们选择和发展职业时所围绕的中心。每一个人都有自己的职业锚，影响一个人职业锚的因素有：天资和能力；工作动机和需要；人生态度和价值观。

天资是遗传基因在起作用，而其他各项因素虽然受先天因素的影响，但更加受后天努力和环境的影响，所以职业锚是会变化的。这一点，有别于职业性向。

例如，某个人攻读了医学博士，并且从事外科医生工作已经 20 年了，尽管他的职业性向可能并不适合做外科医生，但是他在确定自己的职业时，基本上不会考虑改为其他职业，这是因为他的职业锚在起作用。埃德加·施恩在研究职业锚时将职业锚划分为如下类型：技术或功能型职业锚；管理型职业锚；创造型职业锚；自主与独立型职业锚；安全型职业锚。

技术型：这类人往往出于自身个性与爱好考虑，并不愿意从事管理工作，而是愿意在自己所处的专业技术领域发展。在我国，过去不培养专业经理的时候，经常将技术拔尖的科技人员提拔到领导岗位，但他们本人往往并不喜欢这个工作，更希望能继续研究自己的专业。

管理型：这类人有强烈的愿望去做管理人员，同时经验也告诉他们自己有能力达到高层领导职位，因此他们将职业目标定为有相当大职责的管理岗位。成为高层管理人员需要的能力包括三方面：①分析能力：在信息不充分或情况不确定时，判断、分析、解决问题的能力；②人际能力：影响、监督、领导、应对与控制各级人员的能力；③情绪控制力：有能力在面对危急事件时，不沮丧、不气馁，并且有能力承担重大的责任，而不被其压垮。

创造型：这类人需要建立完全属于自己的东西，或是以自己名字命名的产品或工艺，或是自己的公司，或是能反映个人成就的私人财产。他们认为只有这些实实在在的事物才能体现自己的才干。

自由独立型：有些人更喜欢独来独往，不愿像在大公司里那样彼此依赖，很多有这种职业定位的人同时也有相当高的技术型职业定位。但是他们不同于那些简单技术型定位的人，他们并不愿意在组织群体中发展，而是宁愿做一名咨询人员，或是自主创业，或是与他人合伙开业。其他自由独立型的人往往会成为自由撰稿人。

安全型：有些人最关心的是职业的长期稳定性与安全性，他们为了安定的工作，可观的收入，优越的福利与养老制度等付出努力。目前我国绝大多数的人都选择这种职业定位，很多情况下，这是由于社会发展水平决定的，而并不完全是本人的意愿。相信随着社会的进步，人们将不再被迫选择这种类型。

正如许多分类一样，以上的分类也无好坏之分，之所以将其提出是为了帮助大家更好地认识自己，并据此重新思考自己的职业生涯，设定切实可行的目标。

值得注意的是伴随现代科技与社会进步，大学生要随时注意修订职业目标，尽量使自己职业的选择与社会的需求相适应，一定要跟上时代发展的脚步，适应社会需求，才不至于被淘汰出局。

（5）本人的职业兴趣。在做职业生涯规划时，还要考虑本人的职业兴趣，例如，喜欢旅行（适合于经常出差的职业）；喜欢温暖湿润的气候（适合在华南工作）；喜欢自己做出决定（应该自己做老板）；喜欢住在中等城市；不想为大公司工作；喜欢穿休闲服装上班；不喜欢整天在桌子后面工作等。另外，本人具有的职业技能也不能忽略，如果某人具有某项突出的技能，而这项技能可以为其带来收入，做职业生涯规划时就应当将其作为一个重要因素加以考虑。

只有我们对上面的这些内容有了充分了解，我们才可能制订出符合自己切实有效的职业生涯规划。接下来就是需要坚决贯彻这一规划，我相信它一定会像一张地图一样带领我们走向属于我们的成功。

做好职业生涯规划有利于女性职场人自我定位、认识自我、了解自我，明确自己的方向，明确自己的人生目标。我们在进行规划的时候，都会问：“我想干什么？我能干什么？现在准备什么？就业环境如何？”这样才有助于我们女性的个性化发展和创新精神的培养。

因此，女性职场人及早制订属于自己的职业生涯规划是十分必要的，而制订职业生涯规划也需要遵循一定的原则。在全球化的竞争之下，每个人都要发挥出自己的特长。从事热爱且自己擅长的工作，这样的人才是最幸福和最快乐的人，他们最容易在事业上取得最大的成功。

也许我们已经在职场中走得很累，这很有可能是我们从一开始就没有选对方向。做好职业生涯规划能够让我们在出发前就选择好自己未来要走的道路，在出发前就做好万全的准备。这样即使我们前行的路上迷雾重重，我们也不会因此而丢失方向。循着这张“地图”向前走，我相信我们都能够找到属于自己的成功。

3

端正态度，认真对待自己的工作

“态度决定一切”，这句话已经不知从多少人的口中说出过，甚至已经成为了“陈词滥调”，然而却又有多少人因此而警醒。我们的收获来自于我们的努力，来自于我们的智慧，更关键的是来自于我们的态度。端正态度，认真对待自己的工作，是每一个女性职场人开启成功之门的关键所在。

态度决定了每一个人的行为取向。如果我们对工作漫不经心，那么就一定会在工作中马虎大意，犯各种各样的错误，遇到困难时也会首先想到逃避，而非面对。因为我们从心中就没有对工作提起足够的重视，那么自然也就不可能在行为上重视它。而只有我们端正了对工作的态度，才能够在这种态度的驱使下做到一丝不苟，也更容易在工作中取得更突出的成绩。

当然，要想真正做到端正态度，我们首先要了解影响我们工作态度的三个基本要素：

第一，认知因素。认知因素就是指个人对态度对象带有评价意义的叙述。叙述的内容包括个人对态度对象的认识、理解、相信、怀疑以及赞成或反对等。比如，我们的认知中认为工作是神圣的，我们就会对工作有一个严谨的态度；相反，如果我们认为工作并非至关重要，那么我们就难以对工作提起足够重视。

第二，情感因素。情感因素就是指个人对态度对象的情感体验，如尊敬或蔑视，同情或冷漠，喜欢或厌恶等。这就是说，假如我们喜欢这份工作，那么就很可能在工作中有更大的动力，也更能集中精神把工作做好；而如果我们非常厌恶自己的工作，自然没有把它干好的想法。

第三，意向因素。意向因素就是指个人对态度对象的反应倾向或行为的准备状态，也就是个体准备对态度对象做出何种反映。意向因素在工作中的具体表现就是当我们接受工作内容时以一种什么样的心理状态作为准备。有的人可能一接到任务立刻就能够集中注意力将它迅速完成，而有的人可能就会犯“拖延症”的老毛病，迟迟不肯着手去做。

在某次大战期间，一个住在东部的新婚妻子，随先生驻防加州，住在靠近沙漠的营区里。营区里生活条件很差，先生是不想让太太跟着吃苦的，但是太太坚持一定要跟他去。

他们只找到了一间靠近印第安村落旁的小木屋，白天那里气温闷热难耐，连阴凉一点的地方都有 40 多度；风又总是一年到头呼呼地吹个不停，把尘土弄得到处都是；旁边住的全是不懂英语的印第安人，漫漫长日极其无聊。

一日，她的丈夫必须外出两周参加部队的演习，剩下她一个人在家，更是寂寞之至。于是，她写信给母亲说她要回家。母亲很快回信给她，信中写到：“有两名囚犯从狱中眺望窗外，一个看到的是泥巴，一个看到的是星星。”

她看了再看母亲所写的话，觉得很惭愧。“好吧！”她想，“我就去找那星星吧。”于是她走出屋外，和邻近印第安人交朋友，并请他们教她如何织东西和制陶。刚开始彼此还有点生疏，但是当他们了解到她真的是对这些有兴趣时，他们也真诚相待。她因此迷上了印第安文化、历史、语言及所有印第安人的事物。

不仅如此，她还开始研究起沙漠来。很快地，沙漠也从荒凉之地，摇身一变成为一处神奇美丽的地方。最后她成了沙漠专家，还写了一本有关沙漠的书。

是什么改变了她呢？绝不是沙漠或是印第安人，只是她的态度发生了转变。

态度能够决定我们用怎样的眼光看待事物。就好像这个女子一样，当我们对工作抱以端正的态度，那么工作对于我们来说将不再是“沙漠”，而是“绿洲”。态度不是与生俱来的，而是在后天的生活环境中，通过自身、社会化的过程逐渐形成的。如果我们想要把握态度形成的过程，那么就要从影响它形成的几个因素着手。

首先，态度的形成往往与个人的欲望有着密切的关系。实验证明，凡是能够满足个人欲望，或能帮助个人达到目标的对象，都能使人产生满意的态度。相反，对于那些阻碍目标，或使欲望受到挫折的对象，都会使人产生厌恶的态度。这种过程实际上是一种交替学习的过程，它说明欲望的满足总是与良好的态度相联系。因此，我们要从一开始就把工作当成一种欲望。也许有的女性朋友即使不去工作也不愁吃穿，而这往往成为了女性职场人难以对工作产生欲望的重要因素——相比于男性，我们至少能够但求嫁得如意郎君。然而，这其实是一种错误的观念，工作并非仅仅为了满足我们的生活需要，而更重要的是它能够让我们实现自身价值。只有我们把实现自身价值作为一种欲望，才能够从根本上端正对工作的态度。

其次，态度还与一个人的知识密切相关。有句古话说“女子无才便是德”，就是这句话让无数女性错过了在工作中实现自己价值的机会。我们每一个人的态度受限于我们的知识容量，如果我们对某些事务一无所知，那么就根本不会对它产生正确的态度。就好像小孩并不知道玩火很危险，因此他不会对玩火有任何畏惧。只有我们不断学习，在学习中对整个职场和我们的岗位有更深入的了解，才能对它有一个正确的认识，从而端正自己的态度。

草，对春的态度是拱土而出；花，对夏的态度是翘首怒放；叶，对秋的态度是归根寻母；木，对冬的态度是休养蛰伏。这一个个态度决定了四季的美景。而我们女性职场人同样能够用认真对待自己工作的态度，让我们的职场生涯也繁花似锦。

就好像我们透过玻璃窗观察外面的世界，若玻璃是绿色，外面的世界就是绿色的；若玻璃是红色，你看到的就是红色世界。这块玻璃就在你的心中，它就是我们的态度。端正我们的态度，认真对待我们的工作，我们自然能够看到一个美丽新世界。

4

养成负责的习惯

有些女性朋友可能总会说这样一句话：“天塌下来有他们大男人扛着。”她们认为负责应该是男人的事情，跟女性毫不相干，然而在职场中可并非如此。且不说“天塌下来”是否真的有人替你扛，仅仅是这种推卸责任的陋习也会让你在职场中难有发展。

在职场中，如果我们仅仅因为自己是女性就逃避责任，那么我们在他人心目中的地位也当然会矮人一截，因为顶住“塌下的天”的自然是那些高大的人。因此，如果我们不想在职场中被他人看低，不想承认自己就是比男人“弱”，那么就从现在起养成勇于负责的习惯，它将让你终身受益。

做事有着强烈责任感的人，做事做到位的可能性就大。因为只有我们对工作具有强烈的责任心，我们才能够事无巨细地将工作的每一个环节都做到最好，而这是在工作中取得成绩的前提。也只有当我们拥有负责的精神，我们才敢于去挑战困难，在战胜困难的过程中实现自我突破。

某公司要裁员，下岗名单公布了，有内勤部的小灿和小燕，规定一个月后离岗。那天，大伙看着她俩都不敢多说一句话。因为她俩的眼圈都红红的，这事摊到谁头上都难以接受。

第二天上班，小灿心里憋气，情绪仍然很激动，什么也干不下去，一会找同事哭诉，一会找主任申冤，什么订盒饭、传送文件、收发信件这些她应该干的活，全扔在一边，别人只好替她干。而小燕呢，她也哭了一个晚上，可是难过归难过，离走还有一个月呢，工作总不能不做，于是她默默地打开电脑，拉开键盘，继续打文稿、通知。同事们知道她要下岗，不好意思再找她打字了。她特地和大家打招呼，主动揽活。她说：“是福不是祸，是祸躲不过，反正也就这样了，不如好好干完这个月，以后想给你们干都没机会了。”

于是，同事们又像从前一样，“小燕，把这个打出来，快点儿！”“小燕，快把这个传出去！”小燕总是连声答应，手指飞快地点击着，辛勤地复印着，随叫随到，坚守着她的岗位，坚守着她的职责。

一个月后，小灿如期下岗，而小燕却被从裁员的名单中删除，留了下来。主任当众宣布了老总的话：“小燕的岗位谁也无法替代，像小燕这样的员工公司永远也不会嫌多。”

在如今的职场中，拥有责任意识不但能够让你保住“饭碗”，更能让你成为“稀有动物”，自然也更容易获得企业和上司的青睐。

培养责任感最有效的方法就是无论做什么事都要认真负责，拿出自己最高水准把它做好，哪怕事情再小，再微不足道，也要认真干好，绝不能出现任何一次敷衍了事，应付差事，只图速度，不讲效果的现象。只有这样认真负责才能真正培养起强烈的责任意识、责任能力和责任感。

要培养责任感，还必须从点滴小事做起，古人云：“勿以善小而不为。”对小事的责任感，往往是对大事的责任感的基础，一个人对所谓的小事采取马虎态度，在他的身上是难以养成对大事的责任感的。雷锋之所以伟大，并不在于他做了什么惊天动地的大事，而在于他能一辈子将身边的点滴小事做好，为他人和社会着想，从而达到思想境界的质的升华。我们要抓紧小事不放松，“积善成德”，责任感的形成只能用“积”的办法，通过一点一滴的努力来完成。

另外，培养责任感就要把责任当作“自己的事情”来承担，在责任面前永远不依赖他人。法国心理学家林格尔曼，让一些年轻人分别在单独、2 人、3 人、4 人……直到 8 人一个小组的形式下进行拔河，并用测力器测量他们在不同群体中用力的情况。结果发现，当这些人单独拔河时，人均拉力是 63 公斤；两人组的拉力是 118 公斤，比平均叠加值少 8 公斤；三人组的是 160 公斤，比平均叠加值少 29 公斤；八人组的是 256 公斤，比平均叠加值少 248 公斤。这样的结果表明：群体力量的总数低于单个力量叠加的总和。对这种现象，林格尔曼称之为“责任分散”，即当个人单独完成某件事情时，因为独自承担责任，会有积极反应；但众人一起完成时，人往往会希望别人担点责任，自己在行动上则有所保留和退缩。因此，当我们需要肩负责任时，不要以为自己能够依赖他人，只有我们独自扛起了这份责任，才能够真正培养出强烈的责任感。

身为一名女性，我们对责任应该再熟悉不过。我们心中深知对家庭要有责任感，我们也总口口声声说负责任的男人才靠得住，而对于子女我们总是竭尽全力地保护，来实现我们为人之母的责任。既然责任在我们生活中的每一个部分都起着至关重要的作用，对于我们的工作当然也不例外。

我们都渴望成为一名优秀的职场女性，那么就在我们尽力承担生活中的各种责任的时候，也承担起工作中的责任。在工作中养成负责任的好习惯，工作同样会给予你丰厚的回报和充分的肯定。

5

每天比别人多做一点

在现实生活中，往往有一些女性朋友只愿在平坦中漫行，不愿在坎坷中跋涉；只愿在浪静风平下荡舟，不愿在骇浪惊涛中掌握自己命运之舵，并不时地发出“我行我路，任尔东西南北风”的壮语豪言。这些人总会苦思冥想找些陈词滥调来搪塞，而不愿意在工作中比别人多做一点。

有些人可能会说，我们是女人，当然应该比男人做得少，工作就应该比他们更轻松。你可以这么认为，然而企业、上司却绝对不会这么想。对于每一个职场人来说，只有我们能够给企业创造更大的价值，我们才能够更受到重视，才能够有机会走上更高的职业阶梯，至少也更容易在企业中稳固扎根。职场女性可能相比于男性有着一些优势和便利，然而定然不是体现在可以在工作中偷奸耍滑。正相反，作为女人只有我们每天在工作中比别人做得多一点，才能够真正实现自我蜕变，从众人中脱颖而出，超过那些自己标榜为“职场核心力量”的自大男人。

我们都是世间的凡夫俗子，只要耐心播种“一方桃李”，必会收获“满园春色”。比别人多做一点是一种勇气，一种智慧，是一种坚持，一种执着。它是走向成功的一条至理名言，也几乎是事业成功者高于平庸者的秘诀。

对艾伦一生影响深远的一次职务提升是由一件小事情引起的。一个星期六的下午，一位律师——其办公室与艾伦的同在一层楼，走进来问他，哪儿能找到一位速记员来帮忙——手头有些工作必须当天完成。

艾伦告诉他，公司所有速记员都去观看球赛了，如果他晚来5分钟，自己也会走。但艾伦同时表示自己愿意留下来帮助他，因为“球赛随时都可以看，但是工作必须在当天完成”。

做完工作后，律师问艾伦应该付他多少钱。艾伦开玩笑地回答：“哦，既然是你的工作，大约1000美元吧。如果是别人的工作，我是不会收取任何费用的。”律师笑了笑，向艾伦表示谢意。

艾伦的回答不过是一个玩笑，并没有真正想得到1000美元。但出乎艾伦意料，那位律师竟然真的这样做了。6个月之后，在艾伦已将此事忘到了九霄云外时，律师却找到了艾伦，交给他1000美元，并且邀请艾伦到他的公司工作，薪水比现在高出1000多美元。

艾伦仅仅是在其他人去看球赛的时候比他们多做了一点，就为自己争取来了更好的工作机会，世事有时就是这样戏剧化。

当我们养成了“每天多做一点”的好习惯之后，与四周那些尚未养成这种习惯的人相比，你已经具有了优势。这种习惯使你无论从事什么行业，都会有更多的人指名道姓地要求你提供服务。

另外，当我们每天都比他人多做一点工作时，我们也就赢得了比他人更多的机会。有人曾经研究为什么当机会来临时我们无法确认，因为机会总是乔装成“问题”的样子。当顾客、同事或者老板交给你某个难题，也许正为你创造了一个珍贵的机会。对于一个优秀的员工而言，公司的组织结构如何，谁该为此问题负责，谁应该具体完成这一任务，都不是最重要的，在他心目中唯一的想法就是如何将问题解决。解决问题永远比寻找原因更加重要，这是职场中亘古不变的真理。

每天要求自己多做一些工作是培养主动性的一种重要手段。在企业中，一个具有主动性的员工与缺乏主动性的员工在上司的眼里可谓天壤之别。我们不应该抱有“我必须为老板做什么”的想法，而应该多想想“我能为老板做些什么”。一般人认为，忠实可靠、尽职尽责完成分配的任务就可以了，但这还远远不够，尤其是对于女性职场人来说更是如此。要想取得成功，必须做得更多更好。一开始我们也许从事秘书、会计和出纳之类的事务性工作，难道我们要在这样的职位上做一辈子吗？成功者除了做好本职工作以外，还需要做一些不同寻常的事情来培养自己的能力，引起人们的关注。

比别人多做一点，就是在工作中，要比别人“看得更远一点、做得更多一点、动力更足一点、速度更快一点、坚持的时间更久一点”。它体现的是一种勤奋、主动的精神，一种坚韧不拔、永不放弃的意志，一种行动迅速、做事准确的能力。

有时，在工作中我们不必比别人多做许多，只需要一点点就足矣。当你多做了一点小事时，你会从乏味的工作中体会到一种前所未有的愉悦，这种快乐是任何词藻所不能形容的，只属于你自己。你大可不必在乎那些只知道站在高傲的枝头上翘着尾巴的“评论家”品头论足，而那些只知道在别人背后，听风谈雨的“说客”也只能发发牢骚而已。做一个简单的人，坦诚地展现自己的能力与才华。保持“每天多做一点”的工作态度，定能使你从工作中脱颖而出。

人生没有可供你驻足的港口，自我本身永远是一个出发点。无论何时何地，只要创造就会有收获；只有自强不息的进取精神，才能证明生命的存在；只要我们在平凡的岗位上，坚持“每天多做一点”，这一点点的积累最终会让我们实现惊天动地的蜕变。

6

聪明处理职场的人际关系

职场是我们职业女性施展才华的大舞台，然而在这个舞台上只会自己翩翩起舞是远远不够的，我们需要懂得如何维系我们的“观众”，才能真正赢得他人的掌声和喝彩。处理职场人际关系是在职场中得以立足的重中之重，只有我们维系好人际关系才能够在职场中借众人之力走得更快更好。

人际关系是职业生涯中一个非常重要的课题，对女性职场人来说，良好的人际关系是舒心工作、安心生活的必要条件。如今的职场女性绝大部分是独生子女，自我意识较强，来到社会错综复杂的大环境里，更应在人际关系上调整好自己的坐标。

不少职场女性对于职场复杂的人际关系心有余悸而踌躇不前。其实只要我们能够调整自己的心态，职场人际关系没有我们想象的那么可怕。

职场女性对于不同角色的人际关系处理方略：

（1）对上司——先尊重后磨合。

任何一个上司（包括部门主管、项目经理、管理代表），干到这个职位上，至少有某些过人之处。他们丰富的工作经验和待人处世方略，都是值得我们学习借鉴的，我们应该尊重他们精彩的过去和骄人的业绩。但每一个上司都不是完美的，所以在工作中，唯上司命是听并无必要，但也应记住，给上司提意见只是本职工作中的一小部分，尽力完善、改进、迈向新的台阶才是最终目的。要让上司心悦诚服地接纳你的观点，应在尊重的氛围里，有礼、有节、有分寸地磨合。不过，在提出质疑和意见前，一定要拿出详细的足以说服对方的资料计划。

（2）对同事——多理解慎支持。

在办公室里上班，与同事相处得久了，对彼此之间的兴趣爱好、生活状态，都有了一定的了解。作为同事，我们没有理由苛求人家为自己尽忠效力。在发生误解和争执的时候，一定要换个角度、站在对方的立场上为人家想想，理解一下人家的处境，千万别情绪化，把人家的隐私抖了出来。任何背后议论和指桑骂槐，最终都会在贬低对方的过程中破坏自己的大度形象，而受到旁人的抵触。同时，对工作我们要拥有挚诚的热情，对同事则必须选择慎重地支持。支持意味着接纳人家的观点和思想，而一味地支持只能导致盲从，也会滋生拉帮结派的嫌疑，影响公司决策层的信任。

（3）对朋友——善交际勤联络。

俗话说得好：树挪死，人挪活。在现代激烈竞争社会，铁饭碗不复存在，一个人很少可能在同一个单位终其一生。所以多交一些朋友很有必要，所谓朋友多了路好走嘛。因此，空闲的时候给朋友挂个电话、写封信、发个电子邮件，哪怕只是片言只语，朋友也会心存感激，这比邀上大伙撮一顿更有意义。

有个人在一个大公司一时难展才华，心情郁闷。他的一个朋友得知后，邀他到一家略小的企业试试，结果如鱼得水，半年之内就荣升部门主管，这就是交朋友的好处。一个电话，一声问候，就拉近了朋友的心，如此亲切的朋友，有好机会能不先关照你吗？

（4）对下属——多帮助细聆听。

在工作生活方面，只有职位上的差异，人格上却都是平等的。在员工及下属面前，我们只是一个领头带班而已，没有什么了不得的荣耀和得意之处。帮助下属，其实是帮助自己，因为员工们的积极性发挥得愈好，工作就会完成得愈出色，也让你自己获得了更多的尊重，树立了开明的形象。

而聆听更能体味到下属的心境和了解工作中的情况，为准确反馈信息、调整管理方式提供详实的依据。美国一家著名公司负责人曾表示：当管理者与下属发生争执，而领导不耐心聆听疏导，以至于大部分下属不听指挥时，我首先想到的是换掉部门管理者。

（5）向竞争对手——露齿一笑。

在我们的工作生活中，处处都有竞争对手。许多人对竞争者四处设防，更有甚者，还会在背后冷不防地“插上一刀、踩上一脚”。这种极端，只会拉大彼此间的隔阂，制造紧张气氛，对工作无疑是百害无益。其实，在一个整体里，每个人的工作都很重要，任何人都有可爱的闪光之处。当你超越对手时，没必要蔑视人家，别人也在寻求上进；当人家在你上面时，你也不必存心添乱找茬，因为工作是大家团结一致努力的结果，“一个都不能少”。无论对手如何使你难堪，千万别跟他较劲，轻轻地露齿微笑，先静下心干好手中的工作吧！说不定他仍在原地怨气，你已出色完成了工作。露齿一笑，既有大度开明的宽容风范，又有一个豁达的好心情，还担心败北吗？说不定对手此时早已在心里向你投降了。

对于不同的对象，我们要“因地制宜”采取不同的方略来维护彼此之间的关系。而对于我们女性职场人自身来说，也要通过智慧的选择来让我们身边的人际关系变得更加和谐，让我们在工作中无往不利。

首先，对于人际关系的处理我们要本着勇于体验，乐于接受结果的原则。要对职场人际关系保持一种中性立场，不能怕它，要勇敢地去体验，而非是自我封闭。体验之后可能会产生两种结果，一是收获友情，二是受伤。对于受伤，我们也不必过分哀伤，要在受伤之后通过感性体验去做理性分析。如果问题在于我们自身，那么我们自己要加以改善；如果问题在于对方，那么我们要客观认识到这样的存在，在做好自己的基础上努力将对方引导到一个好的方向。

其次，要明白职场中最需要的是卓越而又合群，非卓尔不群。在我们身边不乏有能力的人却最终无法求得更好的发展。归根结底在于这一类人过度的自我优越感。卓尔不群并不适于职场，职场上需要的是卓越而又合群。一个好的工作环境是要靠大家去营造的，也只有好的工作环境才能够做出漂亮的业绩。光有能力而没有融入团队的能力对于自身与团队的发展都是非常不利的。而且，人无完人，学无止境，每一个职场人都应以低姿态去学习，去工作。

再次，我们要学会“变态”的调整。这里的“变态”是指“改变状态”“改变心态”“改变态度”。有些时候，我们会发现原来一个人的力量是非常微弱的，一己之力不足以撼动整个“人际氛围圈”。这个时候，我们能改变的只有我们自己。人要割禾，要先弯腰。对于职场中的人际关系问题，我们要从改变我们自己的状态，改变我们自己的心态，改变我们自己的态度来加以调整，而非逃避。

最后，职场其实是个鱼龙混杂的地方，充斥着千丝万缕的利害关系甚至冲突，虽然你已经很努力地避免与人为敌，但仍然有一小部分人从中捣鬼，他们会从语言和行动上暗中破坏你的工作或毁坏你的声誉。如果发现确实有这样的人存在，说明办公室已经有小人盯上你了！你该怎么办？与他为敌针锋相对吗？千万不要！那样做只会令你更被动，还会妨碍事业进展。不妨采取四两拨千斤的方法，巧妙与其周旋，让对手输得心服口服，这样才能显现出你的人际交往谋略。

职场人际关系给职业女性带来的心理压力绝不亚于工作本身。随时保持与上司、同事、下级的良好关系，对于正常开展工作，对于我们走好自己的职场道路十分重要。处理职场人际关系是一门复杂的学问，然而我们也必须尽力去掌握这门学问，否则只能在职场道路上跌跌撞撞。

作为女性，我们在自我提升的同时当然也希望能够获得他人的赏识，哪个女人不想在自己的圈子里获得“众星捧月”的待遇，而处理好职场人际关系就能够让我们在企业中，在职场里获得这种“至高无上”的荣誉。

7 洞悉职场“潜规则”

身处职场的每一个人都会有如履薄冰的感觉，努力掌握着每一条职场规则，生怕自己触犯了哪一条而前功尽弃。然而即使这样，很多人却依旧无法走向成功，追根溯源正是那些职场“潜规则”从中作梗。对于每一个职场女性来说，仅仅掌握职场规则是远远不够的，能够洞悉那些若隐若现的职场“潜规则”也是走向事业成功的必备素质。

有些职业女性可能一听到“潜规则”就开始莫名恐惧，然而职场“潜规则”其实并非我们想象的那样可怕。它既不是娱乐圈中出现的那些“权色交易”，更不是商业领域中的那些“坑蒙拐骗”，其实它仅仅是除个人能力外的其他隐性优势。职场如战场，职业女性也不例外，我们只有掌握这些能够给我们带来更强竞争力的隐性优势，才能够在这场“战争”中赢得最终的胜利。

女性不可不知的职场“潜规则”：

潜规则 1. CEO 就是公司的最大股东。

公司以维护股东利益为最高原则，但是在公司谁能看见股东，股东的利益只有靠CEO的个人意志来体现。具体说，董事长是股东大会选出来的，代表了大股东的利益。但有时候总经理也是股东的代表，那么董事长和总经理哪个更有实权，就看各人的道行和历史背景了。所以，各位，为了你自己的利益，你必须明白这一点，公司的老板就是公司代表，听老板的，就是为公司服务，千万不要想当然地为了公司利益，而与老板对着干。他就是你的衣食父母。什么叫尊重资本？就是听老板的话。

潜规则2. 女老板好还是男老板好？

如果你是女性职员，那么对你来说，你的老板最好是男老板，因为他有一种先天的优越感和同情弱者的心理，不会把你归入有野心之类，反而会对你格外照顾。如果你的老板是女老板，那可说不好了，女人对于同性更容易产生猜忌，她会让你觉得她最欣赏你，但是到头来你发现自己一无所得。

潜规则3. 老板需要的人不一定最有能力。

每个老板需要的人，包括两类：一类是能干活的，一类是忠诚于他的，如果只能干活，而看不出对老板多忠诚的人，放心，你一定没有晋升的机会，你的唯一机会就是继续干活，成为老黄牛。如果你只有忠诚而没有很强的业务能力，没关系，你总有一天会上去，因为忠诚与能力更稀缺。如果你能力太强了，即使你很忠诚，老板也会留一个心眼，谁知道明天你会不会取而代之呢？所以你需要有能力，但不一定有很强的能力，但是对老板一定要忠诚，这是晋升的最快途径。

潜规则4. 身为员工，你该对谁负责？

身为员工，你该对谁负责，这个问题还难吗？对你的工作负责，对你的直接上司负责不就行了。但这个问题也不那么简单。如果你的直接上司能够决定你的职务和薪水，那么当然，他就是你的贵人，如果你的直接上司的权利并不能决定你的职务和薪水，那么你要弄明白谁是你的贵人。——给他留下好印象，远比你加班苦干要有效得多。至于这个贵人，别管他是什么的样的人，让他为你服务是最重要的。庸俗吗？庸俗！正确吗？永远正确。

潜规则 5. 对老板说句真话，胜过一大堆恭维。

有时候，天天琢磨老板喜欢什么的人，未必能得到重用。为什么？因为在他那样一个位置上，见过的拍马屁的人太多了，什么样的人没见过，想从他那里得到点好处的人也太多了。所以，身为员工的你，有的时候，对某些业务和人，说出你自己的真心话，哪怕含有批评的意味，但是会让老板眼前一亮，心头一震。老板会觉得你是个实在人，而且有自己的独立见解。老板是对拍马屁的话很受用，但是得拍得到位，拍得力度正好，拍得真实可信，对于虚伪的恭维，老板只有一字：烦！所以，与其费尽心机去猜老板的心思，不如实话实说更有效果。

职场中的潜规则还有很多很多，也许有些是我们经历过并且为之付出过惨痛代价的，而有些则还在我们的职场前路中隐藏着，随时准备绊倒我们，让我们摔一个大跟头。其实不必恐惧，作为职场女性只要我们能够通过一些小智慧洞悉职场的“潜规则”，就能够及时发现脚下的危险，“迈过”这些“潜规则”。

第一，在职场中切勿轻信他人。职场是一个利益交换的场所，品德好的人往往树敌众多，而坏人却顺风顺水。你可以不学坏人那样去害人，但至少要有保护自己的能力。别人要来害你，最简单的方式是利用你的善良，其次是因为你轻信于人。而在职场中，信任往往应该有尺度。站在自己的立场上，守住应该有的利益，相信应该相信的话，这才能活得更好。

第二，永远记住掌握你命运的人是你的老板。职场是一个用权力来划分等级的地方，拥有最高权力的老板，完全掌握你的命运。而你的直属上司则部分掌握你的命运。其余的同事们，他们只是掌握你的情绪而已。所以，对一个女人而言，事情就变得很简单。只要谁掌握老板就等于掌握了别人的命运。而如果你老是被情绪控制，则等于把自己的命运交到同事手里。要不被老板控制是很难的，但至少，你要学会不受同事的影响。

第三，要肯做，更要会说。在职场里，有些人明明做了很多，却不懂表现，以至于没人知道，甚至功劳被人抢走，这种人就算累得半死，也是不会有半分功劳的，因为上司压根看不见她。而另一些人，事情还没做，就先说得天下皆知。于是不管她们做不做得成，有没有做，都成了领导眼里的红人。职场的现实就是这样，既要会做，更要会说。

第四，千万不要为小事生气。女性在职场里，很容易为小事情生气。然而，小事情往往是最难分出对错的，所以就把大量的精力纠结于此，弄得天怒人怨，最后还不了了之。实际上，小事情并不会改变你的职场命运，就算争赢了也不会让你得到什么好处。相反，过于纠缠细节，会令你得罪许多人，也会让同事对你的好感降低。

第五，要明白所有想混日子的人，都会为积累的工作忙到“要死”。混日子并不是一种生活，而是一种待遇。在职场里，老板给你钱换取你的劳力。获得薪水的同时，你就必须要干活。而只有那些拥有权力的人，才可以白拿工资瞎混日子。而在底层的小人物，日子是靠熬而不是混，手中没有权力，当然没资格混吃等死。

第六，如果你认定了某个敌人，就一定要斗争到底。职场里输家往往不是没有手段和智谋，而是太容易心软了。真正的赢家，是没有心软的资格的。许多人在职场里都是有竞争对手的，而女孩子往往会是失败的那一个。绝不是因为她们没有手腕和智谋，而是因为女孩太容易心软。职场里，最困扰女性的，往往是受感情的控制。当对手畏缩了，可怜了，就放弃一举拿下的机会，反而患得患失，最后让人逆转局面。真正的胜利者，并没有太多的技巧，只不过把该做的事情做到底而已。

第七，不是每一个机会都值得尝试。女性在职场里最大的问题并非是要不要往上爬，而是如何抵御诱惑。许多人不是没有机会，而是机会太多，不晓得如何选择。职场里的机会，至少有一半是陷阱，它们不是在帮你，而是拖住你前进的步伐。所以，当机会来临的时候，一定要弄清楚，这是在推你，还是在拉你。

作为一名身在职场的女性，掌握职场规则是保证我们不走歪路的前提。然而，即便我们走上了正确的道路，这道路上依旧会隐藏着各种陷阱。只有我们学会洞悉职场“潜规则”，才能在这条道路上规避大部分的“陷阱”，让我们在好不容易选对了道路的情况下不至于因为屡次跌倒而步履蹒跚。

8

善于利用女性的优势

我们女性作为天生的美艳花朵，总是希望能够得到他人的呵护。然而，在竞争激烈的职场中，我们这朵娇花却可能饱经摧残，甚至可能失去了绽放的力气。虽然职场的残酷人所共知，对于女性来说这种残酷更甚，但是只要我们懂得利用女性天生的优势，依然能够成为职场中的“铿锵玫瑰”，绽放出夺目的光彩。

女性比较勤奋，有韧性，忍耐性强。尤其是中国的女性，还承担着繁重的家务劳动。一般来说，女性比较勤奋，不懒惰。踏踏实实，努力工作，这是女性的优势。

女性善于沟通，有耐心，善解人意，有亲和力。职业女性在职场关系协调中更加细致。

此外女性天生敏感，对周围的环境变化有很强的直觉力。女性的直觉能力是很强的，这个是与生俱来的。职场女性凭借着直觉力，往往可以抓住一些机会，并获得意想不到的效果。

女性更大的优势是善于合作，女性善于与周围的同事合作，朴实、亲和是女性的职业优势。一个团队，不能少了女性。男女搭配，干活不累。团队中，有了女性的存在，这个团队更有拼劲，有干劲，有力量。

相比于男性，女性的形象思维也明显更有优势，记忆力强。女性擅长画画、艺术等，这与女性的形象思维优势是分不开的。记忆力好，对见过的事物，有长久的记忆。因此女性在工作中更容易记住事情的所有细节，不容易出现纰漏，做事也就更加可靠。

你看，我们一下子就列举出了女性职场人这么多的优势，其实还有更多的优势我们无法一一列举。因此，千万不要再抱怨职场的残酷对于我们女性太不公平，其实只要我们发掘自身优势，利用自身优势，一样能够在职场中平稳前行。

女性职场人要善于利用“七情”。

柔情。我们常常说柔情似水。曹雪芹借着贾宝玉的嘴说了“女人是水做的”，这就是柔情。天下最坚硬的石头是钻石，用钻石的“钻”，在海滩上磨不出一粒细沙。可是，流水却积年累月，用它的柔情替我们冲刷出了一片片金黄海岸。河边的鹅卵石也不是用坚硬的钻石可以磨得出来的。我们常常说，女人太过柔情的时候会变得优柔寡断，可是当男人做一件事情比较慢的时候，我们往往会说他稳健、善于思考。我们要接受，要利用女性当中本性的“柔”来克服外在坚硬的环境。男人来到这个世界往往会觉得这个世界因我而不同；女人来到这个世界，往往会想到怎样用自身内在的“柔”来克服外在的刚，适应环境、改变环境。这是女性值得骄傲的地方。

激情。真正触发激情的是一种好奇心。很多人说，好奇心本身是一种罪恶之源，因为伊甸园的夏娃，由于好奇偷食了禁果，所以才引起所谓人类的各种各样的罪恶。可是，如果没有夏娃的好奇和激情尝试，人类不会有智慧的启发。我相信每一个人内心都会有一种向往。因为有好奇，这个世界才会有不断的进步；因为有激情，才能使我们永远展望更好的明天。

热情。我们常常说柔情似水、热情如火。我们不可能拿这样的字眼去形容一个男人，可是当我们这样去形容一个女人的时候，似乎给寒冬的黑森林突然带来了一丝温暖。今天，很多的企业是由女性来领导的，在经济海啸、经济寒冬的当下，所有的企业团队都需要温暖，而女性的热情，则是凝聚团队的一股很重要的力量。

亲情。女人天生有这样的特权，彰显她的亲情。因为女性天生就是富有爱心的，对周围的每个人都充满爱心。

友情。在当今高度工业化的时代，太多人花太多的时间在家庭以外的环境当中。我们必须要有朋友。一个没有朋友的人，在任何企业里都会感到孤单。当我们心中有困惑或者遇到困难，我们往往希望找一个能够信任的朋友进行交心。与女性进行交心的沟通往往会让人觉得心里很踏实，不会认为女性职场人很具攻击性，更不会担忧遭到嘲笑。比较而言，男性职场人往往不愿意去找自己的同性来倾诉遇到的疑惑与恐惧，因为这样很有可能被认为是在彰显自己的弱点。而作为一个职场女性，能够让身边的男性同事有这样的安全感，彼此可以比较容易地建立起这样的信任。这是女性一个很重要的特性，也是在企业人际关系当中一个很重要、很有效的工具。

恩情。讲到感恩，并不是说男人都忘恩负义，只有女人才感恩。可是女人所代表的是什么？女人代表的是生生不息、薪火相传的使者，我们常常说“大地母亲”，这种感恩的心，说大了是整个世界、整个地球，说小了是一个社团、一个企业，或者是一个小小的社区，或者是一群合得来的朋友。女人对于“滴水之恩”常常会记忆很长时间，而这也恰恰说明，在今天，当企业需要建立起一种社会责任感的企业文化时，常常需要借助女性的力量，由女性发起、领导。这样一种企业品牌的建立，渲染的是，更多人对于该企业的一种感情。比如，所有的航空公司提供的服务看起来都是一样的，可是我们还是会有自己的偏好，这就是企业的品牌形象。一个让人觉得非常会感恩、知道回报社会的航空公司，就能够更多地赢得旅客的偏好。所以，恩情不仅仅是人与人之间，更是社会与社会之间，人类与天人合一的整个地球之间的一种东西。

所谓真情，什么叫真？近乎“痴”才能真，所以说真情就是痴情。痴情的汉子有，但是痴情的女子比例上要多得多。也就是说，当你认定了一样东西，你能坚韧不拔地一直坚持到最后。这样一种真情，在今天显得尤为可贵。很多企业都面临着压力，由于科技更新，市场瞬息万变。“市场比一个善变的女人更善变、比一个无情的男人更无情”，如何去奋斗才能渡过难关？虽然困难重重，但如果你有真情，就一定可以克服。

女人往往更感性，有人说这是职场女性的劣势，然而这所谓的“劣势”何尝又不是一种优势呢？在如今情感缺失的职场中，如果我们能够利用自己的感性给职场带来一股温暖的“春风”，这对我们的成功一定有着重要的作用。

当然，我们仅仅知道女性在职场中的诸多优势还是不够的，我们还要能够将这些优势发挥到最有用的地方。正所谓“好钢用在刀刃上”，将我们的女性优势用在我们最需要的领域中，这对于我们的职业生涯发展不无裨益。

首先，作为职场女性，我们要善于利用自己的天性与领导达成良好的沟通。在职场中免不了要和形形色色的人打交道，然而怎样让领导在众多员工中注意到你，并与之建立和谐友好的关系，这是职场沟通中最重要的问题之一。别忘了，女人天生的性格魅力可以让你在沟通方面更具优势。赶快将它们发扬光大，巧用女性魅力打通你的职场人脉。上司也是有血有肉有感情的人，并不是冷漠无情的机器，只要能将心比心，设身处地地为上司想一下，和他们相处好并不难。更何况，女性在沟通这件事情上比起男性来说，可是有着天然优势，比如一个女性对别人嘘寒问暖，在别人眼中是天性使然，但换了男性，就很可能被看作“婆婆妈妈”或者别有用心了。

其次，当我们在工作中遇到困难时，要善于利用女性的优势寻求帮助。在很多人眼里，女性是柔弱的，是需要保护的。因此当我们遇到困难时，不妨大方开口寻求帮助，相比于男性，女人更容易激起他人的保护欲，尤其是男性同事的保护欲。这其实是女性在工作中的一大优势，男性如果总是寻求他人帮助会被认为是没有工作能力的表现，而女性反而有可能被当成是一种有“女人味”的表现。

最后，女性在工作中更容易获得他人的赞赏。对于一名女性职场人来说，如果我们的工作与男性同样出色，那么一定能够获得更多的赞美，因为在大部分人眼里女性在工作中处于更“弱势”的地位。我们大可以利用这一特点，在工作中勇于去承担更具挑战的任务，这样在完成工作后我们也能获得更多的肯定，即使没有能够完美完成既定目标，我们也不用担心受到过多的指责。

谁说在职场中女子不如男，我们天生具有的女性气质就是我们最有利的“武器”。只要我们善于发掘自身的女性优势，将这些优势发挥到恰当的位置，那么我们就能够将优势变胜势，最终获得意想不到的巨大成功。

9

把工作做出成绩

有不流汗的成就，天下也就没有怀才不遇这回事。在职场中，超过50% 的职场人在入职后 3 个月至一年的时间中很容易出现这样的问题：心态浮躁，在工作技能上的累积还很欠缺，往往还没等到一个“突破期”就放弃了，从而半途而废，错失了提高的机会。

如何在低端岗位中收获价值，为自己的职业生涯加分呢？关键就是将一颗心全部投入到工作中去，要有一种不把工作做出成绩誓不罢休的决心。对于我们职场女性来说亦是如此。在职场中，过程依靠结果支撑，只有我们把工作做出了成绩，那么才会有人关心我们的工作过程。如果我们的工作根本就无法让企业看到结果，那么一切过程中的努力也只能是前功尽弃，毕竟企业需要生存和盈利，而唯有成绩才能诠释你对企业的贡献。

只要我们有这种一定要把工作做出成绩的心态，我们就能够在工作中一步一个脚印地踏实前行，才能够在遇到困难时永不退缩，才能够肩负起我们应当肩负的责任，才能够让我们这些职场女性真正成为职场中盛开的美丽花朵。

有一个自以为是的年轻人毕业以后一直找不到理想的工作。他觉得自己怀才不遇，对社会感到非常失望。痛苦绝望之下，他来到大海边，打算就此结束自己的生命。

这时，正好有一个老人从这里走过。老人问他为什么要走绝路，他说自己不能得到别人和社会的承认，没有人欣赏并且重用他。

老人从脚下的沙滩上捡起一粒沙子，让年轻人看了看，然后就随便地扔在地上，对年轻人说："请你把我刚才扔在地上的那粒沙子捡起来。"

"这根本不可能！"年轻人。

老人没有说话，接着又从自己的口袋里掏出一颗晶莹剔透的珍珠，也是随便扔在了地上，然后对年轻人说："你能不能把这颗珍珠捡起来呢？"

"这当然可以！"

对于职场中的每一个女性也是如此，如果我们仅仅是一粒沙，那么永远无法被他人发现，只有我们成为珍珠才能够用夺目的光芒引得所有人的注意。唯有我们将工作真正做出成绩，才能够让我们成为职场中的"珍珠"，毕竟要想被他人当成宝贝，你就必须用工作成绩散发出的光彩来证明自己。

当然，想要把工作做出成绩并不像嘴上说得那么容易。

首先，将工作做出成绩的前提是学会低调做人，高调做事。很多现代女性职场人为了在工作中彰显自己的"女强人本色"，多有"巾帼不让须眉"的冲劲，喜欢张扬个性，喜欢标新立异。其实，这些行为在职场中只能被认为是"幼稚"，是职业成熟度不够的表现。"低调做人，高调做事"这句话，一高一低的对比，强调的是做人要有谦虚的心态，有虚怀若谷的姿态。而作为一名女性职场人，我们更应当具有中国传统女性的内敛和温柔。另一方面凸显做事的"高调"，对待工作百分百专注和认真，绝不出现虎头蛇尾或办事不靠谱的状况。在众多职场女性中，除了职业定位不准、缺乏职业规划这两大问题外，第三种对她们职业发展影响最大的问题就是弄不清自己在团队里的角色，做人处事的心态、行为举止等方面存在明显的不足。很多时候，她们没有把精力真正放在工作上，而是放在了如何“表现”自己上。不懂得“做好工作才是王道”这个道理，你将永远无法在职场中稳稳立足。

其次，我们要懂得汇报，“秀”出自己的成绩。关于此点，看似不起眼，其实非常重要。有人会将汇报错误地理解成“炫耀”，不可取。其实在一个公司里，不论是上级主管，还是老板，面对的是整个公司的运作和各种事物，对于每个员工的工作状况并非能及时、全面地了解，因此经常向老板汇报工作进展情况及取得的成果，相当有必要。及时汇报工作进展，反映工作的问题能够让上级知道你的工作进展情况，能够让你表现出与上级的良性互动，还能够及时沟通问题，提高工作效率。

最后，对待工作要以“不仅做完事，更要做好事”的心态。在职场上有这么一种说法“你所做出的成果，要比老板的预期再高出 20%”。当然，这句话不能那么绝对，能不能超常完成任务还有其他因素影响。这里要说的是，想要发展更上一个台阶，只是“把工作完成”这样的程度是不够的，可替代性很高，没有你，其他人也可以完成。只有把工作做好，做出彩，才可能获得质的变化。

对于我们每一个女性职场人来说，身在职场我们就只能遵从职场的规则。将工作做出成绩是每一个职场人获得成功的必经之路，不管男人还是女人都没有捷径可循。作为职场女性，与其把全部的精力都投入到穿着打扮上来博上司一笑，不如把精力全部投入到工作中，将工作做出成绩，用每一次的好成绩博得上司发自心底的赞赏。

在职场中，工作成绩就是每一个职场女性最好的化妆品，它是唯一能够将我们打扮得更加美丽的东西，也是唯一能够帮我们开启成功之门的“钥匙”。

第三章　追求浪漫，恪守理智：优秀职业女性拥抱完美爱情的智慧

“女儿是水做的骨肉”，更是情做的骨肉。爱情对于女性，从某种程度而言，或许更胜于生命！然而，情路崎岖，情场坎坷，因遇人不淑被情所伤、为情而痛几乎是每一个女性成长过程中的必经之痛。如何擦亮眼睛，看清爱情，脱出情困，拥抱完美的爱情？既追求浪漫又恪守理智，是优秀职业女性拥抱完美爱情的秘诀。

1

女人最怕嫁错郎，选男友人品最重要

虽然作为一名职业女性，工作永远是我们生活的核心内容。然而我们也是女人，我们也有追求浪漫、追求幸福的权力，并且都渴望能有一段让自己刻骨铭心的感情生活。有些人可能希望爱情就如同影视作品中所描述的，奋不顾身地投入到火热的爱情中，最终收获幸福。然而现实却是残酷的，缺乏智慧的爱情往往是盲目的，更像是一种盲目的“冲动”，而非真正的爱情。我们职业女性在爱情面前，必须要能够保持理智，因为只有理性和智慧才是让爱情长久“保鲜”的关键。

俗话说“男怕入错行，女怕嫁错郎”，对于我们女性来说，爱情和婚姻可以说是自己一生最重要的事情。在如此重要的事情前，我们一定不要盲目，更不要因为一时冲动而最终葬送了自己的终身幸福。作为职业女性，爱情对于我们来说是与工作同等重要的事情，它是能够决定我们一生走向的重要影响因素。有人说：“成功的男人背后都有一个优秀的女人”。其实成功的女人背后又何尝不需要一个优秀的男人陪伴。

在如今这个浮躁的社会，越来越多的人急功近利，一味追求财富，追求名利，这也深深地影响到了女性的择偶标准。有些女性可能太过渴望成功，太过渴望过上“衣食无忧”的日子，因此在选择男友时总是遵循着“有车，有房，有地位”的“现实”原则，然而这最终却未必能带来她想要的结果。不是说我们在选择自己的“另一半”时不应当考虑物质条件，但是我们绝不能把物质条件放在第一位。作为有可能要陪伴你终身的伴侣，为了我们的爱情能够纯粹且长久，我们在择偶时一定要从对方的人品出发，毕竟这是考量一个人最基本的标准。

考量婚姻对象人品的三要素：

第一，这个男人是个好人，不应当有任何违背道德或法律的行为。择偶就像吃自助餐一样，食物已经发霉了，可是做得还挺精致好看，你感觉很喜欢，但事实上它就是有毒，吃了虽然不一定能要了你的命，但很可能得让你大病一场，所以你就是不能吃这样的食物。要吃，也要首先选择安全的、绿色的、健康的、环保的、有益于我们身体健康的，在此基础上，再去选择哪种是好吃的，是你更喜欢吃的。

第二，这个男人必须有责任感。这是你选择男人需要考虑的标准，否则的话，往往容易出现诸多你可能后悔的事情。爱情其实也可以说是一项“事业”，在事业上只有一个人具有责任心才能够获得成功，而爱情亦是如此。只有一个人具备高度责任感，爱情才能够长久，婚姻也才能够幸福。

第三，这个男人必须有事业心，成为某方面的行家里手。因为在这个社会上，如果男人没有这种意识，很难真正让家庭殷实，不要认为“谈钱”玷污了爱情，因为没有经济基础的爱情是不可能真正幸福的。毕竟这是一个现实的社会，如果我们想要生活就处处都离不开花费金钱。所以必须要有事业心，去实现自我价值、为社会创造财富的同时，赚取更多自己应得的回报，以让家庭无后顾之忧。

所谓人品，就是个人的道德品质，是个人在道德行为中所表现出来的比较稳定的、一贯的特点和倾向，是一定社会的道德原则和规范在个人思想和行为中的体现，由道德认识、道德情感、道德信念、道德意志和道德行为等因素构成。

一个人的道德品质如何，是感情维系的关键所在，是生活幸福与否的决定性因素。一个男人无论有多雄厚的经济基础，品行不好，也不会给予你幸福的生活。现实中，并不富足的人相爱甚笃的大有人在，经济基础、个人条件不错的人生活不幸福的也为数不少。普普通通的夫妻不一定都“百日哀”，富豪之家不一定都生活完美。当然，生活富足、夫妻恩爱并不是没有，应该占相当比例，然而这也需要建立在双方人品均无瑕疵的基础上。

我们都知道，爱情需要两个人的通力合作才能够长久维持，因此当我们对爱情怀着单纯、美好的憧憬时也一定要为自己找一个能够帮你实现这一幸福憧憬的“另一半”。当我们选择了他的金钱，选择了他的地位时，我们可能能够获得一时之愉，然而却可能埋下终身祸患。而当我们选择了他的人品时，我们只需期待，时间会向我们证明一切。

2

别太相信一见钟情的爱情

每一个女人可能都在脑海中憧憬过这样的画面：我们在某时某刻偶遇一个男人，只是因为彼此的一个眼神，嘴上的一抹微笑，双双坠入爱河，彼此相濡以沫，一生一世。可喜可贺的是有这种对爱情的遐想恰巧证明了我们依旧是一个有“女人味”的职场女人，然而不幸的却是，如果我们盲目相信“一见钟情”，最终却很有可能痛苦一生。

一见钟情的爱情是每一个人都向往的，因为它太过美丽，太过轰轰烈烈，太过戏剧化。然而就如同流星一般，一见钟情的爱情虽然是那样美好，却也可能稍纵即逝。时间是检验爱情的唯一标准。如果一份爱情能够禁得起时间的考量，那么它才能够说是真正的爱情，而一见钟情恰巧缺乏的就是时间的检验。

有些人可能不以为然，难道每一份爱情都需要用时间来检验才能够长久吗？当然不是，在现实中确实有一见钟情的例子，然而最终能够走向幸福的却少之又少。时间并非是让我们获得真正爱情的工具，反而是让我们鉴别那些可能会让我们承受难以预料的伤害的爱情。

凯普莱特和蒙太古是一座城市的两大家族，这两大家族有宿仇，经常械斗。蒙太古家有个儿子叫罗密欧，品行端方，是个大家都很喜欢的小伙子。

有一天，他听说自己喜欢的一个女孩要去凯普莱特家赴宴，为了见一眼这位女孩，他和自己的朋友戴上面具，混进了凯普莱特家的宴会。可是，在这次宴会上，他被凯普莱特家的独生女儿朱丽叶深深吸引住了。这天晚上，朱丽叶是宴会的主角，她美若天仙。罗密欧上前向朱丽叶表示了自己的爱慕之情，朱丽叶也对罗密欧有好感。但是，当时双方都不知道对方的身份。

真相大白之后，罗密欧仍然不能摆脱自己对朱丽叶的爱慕。他翻墙进入了凯普莱特的果园，正好听见了朱丽叶在窗口情不自禁呼唤罗密欧的声音。显然，双方是一见钟情。第二天，罗密欧去见附近修道院的神父，请他帮忙。神父答应了罗密欧的要求，觉得如果能成也能化解两家的矛盾。罗密欧通过朱丽叶的奶娘把朱丽叶约到了修道院，在神父的主持下结成了夫妻。

这天中午，罗密欧在街上遇到了朱丽叶的堂兄提伯尔特。提伯尔特要和罗密欧决斗，罗密欧虽然不愿决斗，但他的朋友觉得罗密欧没面子，就替他和提伯尔特决斗，结果被提伯尔特借机杀死。罗密欧大怒，拔剑为朋友报仇，杀死了提伯尔特。城市的统治者决定驱逐罗密欧，下令如果他敢回来就处死他。

朱丽叶很伤心，她非常爱罗密欧。罗密欧不愿离开，经过神父的劝说他才同意暂时离开。这天晚上，他偷偷爬进了朱丽叶的卧室，度过了新婚之夜。第二天天一亮，罗密欧就不得不开始他的流放生活。罗密欧刚一离开，出身高贵的帕里斯伯爵就来求婚。凯普莱特非常满意，命令朱丽叶下星期四就结婚。朱丽叶去找神父想办法，神父给了她一种药，服下去后就像死了一样，但42小时后就会苏醒过来。神父答应她派人叫罗密欧，会很快挖开墓穴，让她和罗密欧远走高飞。

朱丽叶依计行事，在婚礼的头天晚上服了药，第二天婚礼自然就变成了葬礼。神父马上派人去通知罗密欧。可是，罗密欧在神父的送信人到来之前已经知道了消息。他在半夜来到朱丽叶的墓穴旁，杀死了阻拦他的帕里斯伯爵，掘开了墓穴，他吻了一下朱丽叶之后，就掏出随身带来的毒药一饮而尽，倒在朱丽叶身旁死去。等神父赶来时，罗密欧和帕里斯已经死了。这时，朱丽叶也醒过来了，她见到死去的罗密欧，也不想独活人间，她没有找到毒药，就拔出罗密欧的剑刺向自己，倒在罗密欧身上死去。

罗密欧与朱丽叶的故事自然是浪漫的，然而在这浪漫之中却也包含着一丝悲凉，这也就是它之所以被定义为悲剧的原因。我们作为职场女性，并非戏剧故事中的主人公，也不是电影里的女主角，在现实的生活中如果一心为了“一见钟情”而宁愿走上不归路，那么只能说我们还不够成熟，对自己、对对方、对所有关心爱护我们的人不够负责。

为什么说“一见钟情”并不那么值得相信呢？首先，了解一个人是非常复杂的过程，由于接触机会有限，男女双方之间必然有严重的信息不对称。一见钟情的后果，通常是结婚后才发现对方未必是自己满意的对象，但这时选择业已做出，要改弦易辙会面临世俗社会的巨大压力。在信息不对称的情形下，男女双方实际上面临不同的策略和退出壁垒。男子具有先动优势，又有较低的退出壁垒；而女子只有后动劣势，且有无限高的退出壁垒。因此，男女双方博弈的结果，必然是“红颜薄命”。

其次，“一见钟情”多为激情使然，然而激情总有退去的一天，因此“一见钟情”多不能长久。爱情要想禁得起流年，那么就一定要有责任、尊重、信任等多方面品质的支持。我们每个人都有激情，有时正是激情给了我们相爱的勇气，然而它却没有给我们爱情的养料。爱情需要激情，但爱情不能仅有激情。当“一见钟情”的激情过后，我们重新以更理性的眼光来审视彼此，可能会发现对方并非自己心中最“理想”的对象。作为职场女性，我们没有过多的精力能够在爱情上“挥霍”，因此我们肯定希望得到的这份爱情能够“开花结果”，这就需要我们用理性去思考爱情，而这种奋不顾身的激情对于我们这个年龄的女性来说已经太过“奢侈”。

真正的爱情，不是一见钟情，而是日久生情；真正的缘分，不是上天的安排，而是两个人彼此的默契。缘分是本书，翻的不经意会错过，读得太认真会泪流。职场女性别太把“一见钟情”当真，别总把缘分交给老天，理性思考我们的爱情，我们一定能够迎来属于自己的幸福明天。

3

谨慎网恋，虚幻的爱情并不完全可靠

网络是现代社会沟通的重要手段，现代人对于网络的依赖可以说不亚于一天三餐。然而网络在给予我们便捷生活的时候，却也给我们带来了一丝隐患——虚幻。网络之所以能够如此普及，除了它能够实现便捷、经济的远距离沟通外，更重要的一点就是我们在网络中更容易隐藏自己。

当我们在网络上与他人聊天时，我们无需像现实中那样将自己“暴露”在对方的眼光下，我们可以尽情“修饰”一个完美的自己，让自己看起来更让对方满意。正因如此，现在越来越多的职场女性选择在网络上为自己寻找爱情，一来覆盖面更加广阔，自然找到“如意郎君”的几率更大，二来隔了网络的一层纱避免了“面谈”的尴尬。

然而，也正是因为隔了这样一层纱，给网恋埋下了诸多的隐患。一出出网恋的悲剧不断在现实中上演，当一个个美丽的网恋谎言暴露在真实世界的阳光下时，留下的只是灰飞烟灭的残渣。

2005年11月15日晚10时许，初冬的夜，寒风习习，但耒阳发明家广场依然是华灯流彩，人潮如流，十分热闹。这时，两声刺耳的刹车声打破了夜幕里的祥和气氛。只见广场边的一个夜宵摊前，开来两台的士车，十几个20岁左右的小青年手持火药枪、砍刀等凶器，钻出了车门。他们突然冲向一名正在吃宵夜、衣着时髦的妙龄少女，将其强行拖上了车。的士在寒风中疾驶而去，只留下那个少女两声惶恐的惊叫声“干什么”。周围的人被这突如其来的事情吓呆了，没有谁敢吭声，连与少女在一起吃宵夜的几个同伴也没有去报警。

11月17日下午，家住耒阳市经济开发区的马琳（化名）发现女儿马丹（化名）已经有两天没有回家了，马琳觉得有些不正常，因为女儿虽然喜欢玩，但是每天都会回家，即使在同学家过夜，事先也会打个电话回来。她赶紧打电话给女儿以前上班的娱乐中心，接电话的人说她好久没有过来玩了。马琳慌了神，又到马丹经常上网的几个网吧寻了个遍，还是不见女儿的踪影。马琳就挨个儿找女儿平时玩得来的同学、网友，最后从一个叫刘敏（化名）的女孩子口中得知，两天前的晚上，她和马丹以及几个网友在发明家广场吃宵夜时，看见梁长万带着一伙不明真相的人把马丹带走了。因为梁长万是马丹过去的男朋友，她们当时也就没有往坏处想。可是，她们没有想到马丹这一走，就再也无法联系了。

女儿一定被绑架了！马琳脑海掠过一种不祥的念头，可是，梁长万一伙为什么要这样做？是为了索取钱财还是别的事情？她立即来到耒阳市公安局五里牌派出所报案。

专案组围绕受害人马丹开展了大量调查，11 月 30 日晚 8 时，民警迅速赶到中山市古镇镇某娱乐场所，一举将正在玩乐的犯罪嫌疑人梁长万、伍某、梁小虎、梁某等人抓获。经审讯，四名犯罪嫌疑人交代马丹已经被他们一伙杀害，案情随之真相大白。

原来，梁长万和马丹虽然同住一座城市，但是并不认识。2004 年初，初中毕业不到一年的马丹辍学后，迷上了上网聊天，整天沉溺在虚拟的世界里不可自拔，城区许多网吧都留下她俏丽的身影。有一天，她在网上遇到了同年的梁长万。梁长万出生在市郊一个贫寒的农家，初中毕业就辍学混迹社会，相似的境遇使得两个从未谋面的陌生人很快相识、相知、相恋，并从网络走到了现实生活。

然而，两人因为缺乏更多的了解和责任，注定这样的感情不会持久。2004 年底，两人分手了。

2005 年初，马丹又在网上认识了李海。初次见面时，李海见马丹长得漂亮，就向她发起猛攻。经过几次交往，马丹的心很快被帅气的李海征服。李海常常带着马丹出入舞厅网吧。此时的梁长万却对马丹余情未了，他不想就此罢休，仍然紧追马丹不放，一天一个电话，纠缠不休。马丹对此十分恼怒。11 月 5 日，她指使李海喊了几个人，在耒阳市沿江路天弦宫歌厅附近狠狠教训了梁长万一顿。梁长万一直怀恨在心，于是寻机复仇，最终将其杀害。

马丹因为网恋最终付出的是自己年轻的生命。作为一名已经踏入职场的成熟女性，我们可能并不会做出如此“幼稚”的行为，然而对于网恋的轻信依旧会让我们付出惨痛的代价。

首先，网恋会给彼此都戴上面具，让我们更加难以捉摸对方。网络毕竟是虚幻的，网络上一个人什么样子，他在真实社会中未必是这个样子。这就好像两个人在开一场“化妆舞会”，彼此对对方根本就无法了解，这就给恋爱带来了诸多隐患。众所周知，坦诚是维系男女双方感情的重要因素，如果双方根本无法坦诚相待，那么这种爱情必定是危机四伏。而一旦网络上虚幻的爱情来到了现实之中，往往都是“见光死”，而这种无疾而终的爱情对于我们女性来说将带来更大的伤害。

其次，网络带来的虚幻会始终折磨我们，甚至影响我们正确的价值观。人毕竟是有感情的动物，有几个能够容忍自己网上亲密得如胶似漆的男友总是那么虚幻迷离、不可捉摸。而有几个女性又能在热恋之中冷静地告诉自己这是网恋，是虚幻的。我们女性是“感性动物”，即使是虚幻的网恋也很容易让我们动了真情。然而这真情却要经常遭受虚幻的折磨，这对于任何一个职场女性的心理都将产生巨大的危害。

的确，也有网恋的双方相处得不错的例子。那是因为双方在网上交流的时候都没有戴面具，因而见面以后双方会觉得差距不大，在网上尚且可以爱上抽象的形象，在网下自然也就容易接受真实的人了。然而这种完全依赖“运气”的恋爱方式绝对不应当属于我们职场女性，我们能够在工作上表现得成熟、理性，那么我们的爱情观也应当如此，只有这样我们所得到的爱情才是符合我们需要的，才是能够给我们带来幸福的。

不是每个网恋都会以美好结局而告终，虚幻的爱情并不可靠，它通常禁不起现实的推敲。谨慎对待网恋，就如同我们谨慎对待自己的工作一样，只有这样才能让我们真正成为事业、爱情双丰收的幸福职场女性。

4

懂得矜持和自重，更易收获真情

爱情是浪漫的，是美妙的，能给人带来无限的遐想。但是也往往是这个人生的必经的历程，让很多女性丧失理性，给自己未来的婚姻和家庭带来了无尽的烦恼，甚至是痛苦。

面对自己心仪的白马王子，很多职场女性会由谨慎羞涩的态度开始，随着相互的了解，两个人的感情逐步升温，于是她们变得很感性，对对方的一些合理的要求逐步会予以满足，在她们的眼里对方显现出来的都是优点，偶尔会有点缺失也不会影响自己对对方的整体评价。她们会用“放大镜”看对方的优点，忽略了对方的一些潜在的弱点，这些很容易为彼此走进婚姻出现不适或痛苦埋下伏笔。

女性的感性会随着两个人的感情推进程度不断变强，彼此不再停留在亲吻、拥抱等表面亲密形式，很多大胆感性的女性会随时同意对方的非合理要求。这些年来未婚同居、未婚生子现象似乎很普遍，很多女性，包括职场女性这一看起来非常理智的群体也是由于没有很好地把持住自己而陷入了这个情感旋涡。

假设两个人能够感情很和谐，稳定发展走进婚姻阶段，那么这样的结局还是值得庆贺的，未来的生活中两个人逐步了解、磨合，然后逐步适应，这不能不说是幸福的开端。但是现实中还存在很大一部分女孩子在放弃矜持后，并没有得到对方的珍惜，最终只落得“徒伤悲”的凄惨境地。其实道理很简单，得不到的永远是最好的，轻易得到的东西很容易让人不珍惜。感情也是如此，所以女孩子在感情经历过程中需要保持必要的谨慎态度，做到矜持有度。

莉莉今年已经26岁了，外企白领、面容姣好的她却始终没能寻到能够开花结果的爱情。她生性开朗，在与男友交往的过程中也比较开放。其实她并不觉得自己缺乏吸引力，对于自己青睐的男性也是手到擒来。然而她的每一段感情却都无疾而终，这让她十分不解。

于是她来到一所道观来询问自己的姻缘。

道士听说了她心中的苦闷后并没有为她出谋划策，而是问了她这样一个问题：“如果你去古玩市场想买一件珍宝，恰巧有两个人有着同样吸引你的宝贝。一个人看到你后立刻上前推销，并一再降价，而另一个人则一言不发，你会买哪一件？”

莉莉稍加思索便回答到：“当然是不说话的那个人的，另一个人那么热情，这里面肯定有诈，而且他的宝贝一再降价，肯定没有不说话那个人的更有价值。”

道士听到她这样的回答笑了笑，对她说：“感情又何尝不是如此呢？”

矜持是中国女性的一种传统，在爱情中保持一些矜持，能够让我们身上散发出一种传统女性之美，这种气质正是当下社会中女性身上最缺乏的，也是最吸引异性的气质之一。适当的矜持不但不会让我们拒爱情于千里之外，反而正因为这种恰当的“距离”，让我们在与爱人之间孕育了一种不一样的吸引力，使我们的爱情更加甜蜜、幸福。

此外，保持适当矜持还能够帮助我们“筛掉”那些“烂桃花”。当我们受到了他人的爱慕，认为自己走了“桃花运”时，千万不要忘了适当保持矜持，只有这样我们才能够考验对方是否对我们真心相爱。每一个职业女性都需要明白一点，真正爱你的人，一定是个理解和尊重你的人，一般情况下是不会轻易提出不合理要求的，即使有这种非分之念也不会强求，会尊重女方的意愿。再优秀的男性都不是依靠你以身相许来获取感情的，而恰恰是由于你的矜持使得你在对方的眼里更显高贵。这样日后走进婚姻，对方也会更要注意自己的言行，更懂得尊重和理解，所以在恋爱中我们要严把自己的感性尺度，做到矜持而不做作，感性而不张扬，天真而不幼稚，大方而不失典雅，这样的魅力才会是无穷的，这样的爱情才是经久不衰，才能更幸福。

同时学会在爱情中保持适度矜持能够为我们在男性面前增添更多的“资本”。矜持之矜，有“矜贵”的意思。适度难他一难，不让他轻易得到，确实能够自抬身价，让他倍加珍惜你。有不少男性，在爱情中愿意迁就女方，无非是因为“当初好不容易才追到手”，舍不得说放弃就放弃。相比之下，那些倒追上门的女性，虽然也能拥有幸福，但日子往往过得不那么舒服。不浮不荡不随便，不让男人轻易追到。这种女人，心一旦许予一个男人，通常也不容易再受诱惑。风流女子当情人，持重女子当老婆，这是男人的共识。能够带来安全感的女人，才能为男人掌管后院。

女人矜持些，学会恪守自己的爱情底线，学会让那些“大男人”去主动。女人矜持些，得到的男人会更加喜欢你珍惜你，也能够淘汰那些禁不起考验的“别有用心”者。女人矜持些，有时欲擒故纵也许更能抓住男人的心。

5

谈恋爱不需要“女强人”，小鸟依人最可爱

在当代社会，人们都在喊男女平等，而自从妇女解放运动开始至今男人和女人的地位也确实发生了天翻地覆的变化，被压迫了几千年的女人走向了社会并独自撑起了半边天。然而，有些女人在这条道路上却“刹不住车”，认为自己还可以更加强势，于是乎除了在工作中争当“女强人”，在生活中也将它发挥得淋漓尽致。

有很多职场女性在工作步入正轨以后就把自己当成了女皇，让男人俯首称臣。在职场中的强势到了生活中一点没有收敛却还自我感觉潇洒。可不知这一潇洒就过去了十几年，蓦然回首才发现自己除了拥有一个富丽堂皇的躯壳以外，精神上却一贫如洗，既没有体会婚姻的幸福也没装满爱情的酒杯。

在中国这个传统观念极强的国家里，虽然表面上男人和女人是平等的，但它的骨子里面还残留着女弱男强的意识。在大部分人眼中，女性就应当表现得更加柔弱，而男性则恰巧应担负起照顾女性的责任。倘若女性过于强势，男人就会觉得处在这样的女人身边自己“无用武之地”，照顾欲也难以得到满足，甚至还可能由于比女方弱势而颜面扫地，自然会离她远远的，就更不要说与这样的女性谈恋爱了。

所以，女人的强势往往会让自己处于一种尴尬而无助的状态。有的虽然嘴上说自己很快乐，可实际上由于难获爱情内心却饱受折磨。为什么大多数女强人爱情幸福指数都不高，就是因为她们太强势的缘故。作为一名职场女性，我们可以在职场中成为叱咤风云的“女强人”，但是当我们与异性擦出火花时，千万别忘了一点那就是你是女人。

记得我有一个女性朋友在机关单位工作，现在可以说是事业上已小有成就。但她的丈夫却于前几年下岗了，每天在家里给她洗衣、做饭，收拾屋子。在我们的眼里她就是个不会做家务的女强人，觉得她和丈夫之间不会有太多的幸福。但不知为什么她每每提到自己的夫君就赞不绝口，每次看到她丈夫的时候也是一脸的笑容，她丈夫丝毫没有自卑的样子。

有一天，她邀请我们去她家吃饭，亲自下厨做了一顿非常可口的饭菜，并嘱咐我们说：“我丈夫回来不许说是我做的，就说是我从外面饭店订的，这么多年他也不知道我会做饭。”听了她的话我们有些不解地问：“其实你做得比你丈夫好，为什么不让说呢？”她却说：“你们不知道，自从我丈夫下岗以后就没什么事干了，所以为了伺候我就练了一手厨艺，他也就剩这点自信了，我不能把这点优势也给剥夺了，要不他还有什么可做的。女人呢，有的时候就得学会放弃自己的优势，学会依赖，以此来成就男人的自豪和责任感。”

事实确实如此，虽然她如今已经在事业上成为了名副其实的“女强人”，然而这么多年来她的婚姻和家庭依旧幸福和睦，她的丈夫也每天喜笑颜开。

我们每一个职场女性都应该懂得一个道理：一个爱你的男人是非常希望通过满足你的依赖而表达爱意，并且让自己心理上获得满足的。如果我们剥夺了男人这个最看重的“权利”，那么很快他也就会离我们而去。

首先，有时让自己变得小鸟依人，不仅是给与你交往的男性面子，其实也是给自己面子。男人都是要面子的，就像女人爱美丽一样，女人有多爱美丽男人就有多爱面子。只有我们能够用小鸟依人的方式给足了男人面子，满足他最起码的心理需求，男人才会心甘情愿地听我们“使唤”。如果我们有一个发自心底愿意与我们结成伴侣，与我们在一起能够每天喜笑颜开的男人，这难道不让我们的脸上也更加光彩吗。

其次，时不时地依赖男人实际上还减轻了我们肩上的负担。正是因为我们是职业女性，我们在工作中希望争当“女强人”，那么才更应该学会依赖自己的另一半。现如今职场压力的巨大是人所共知的，而在这些压力面前，我们自然应当充分发挥自己作为女性的优势来为自己“减负”。学会依赖男人，不但能够满足男人的自尊，还能够让我们的心理负担大大减轻，从而找回那些本该属于我们女性的柔情和温婉，这可谓是一举两得。

最后，时常学会小鸟依人还能够让我们通过恋爱重获心理和身体上的健康。有些人可能会问，小鸟依人也能有助于健康？答案当然是肯定的。长时间、高强度地在职场打拼会一定程度上抑制我们女性的荷尔蒙分泌，导致内分泌紊乱，心理压力骤增。而恋爱恰巧能够刺激我们的荷尔蒙分泌，通过依赖男性能够让我们重新找回“做女人”的感觉，让我们的身体和心理都得到适当的放松，内分泌系统也会因此趋于平衡。

其实在如今的社会里，这种女强男弱的家庭随处可见，但是只要我们职场女性真正懂得女人强势会给男人造成的压力，懂得用小鸟依人的可爱来缓解这种压力，我相信不管我们在职场中是不是“女强人“，我们都能获得一个美满而幸福的家庭。

6

相爱简单相处难，要学会尊重和宽容

作为女人，我们都对爱情有着无限的期盼，然而有些人之所以一直形单影只，并非她们心中不渴求爱情的滋养，也并非没有尝试过去追寻一段甜蜜的时光。她们在漫长的感情道路上发现，寻觅爱情并不难，难的是守住爱情。一次次的挫折让她们最终心灰意冷，再也不敢碰触这屡屡给她们带来伤心的“禁地”。

很多职场女性可能感情经历并不贫乏，恰恰相反，由于不懂得如何在相爱后与自己的男友相处，最终只能让爱情草草收场，无奈只得去寻找下一段姻缘。最终我们确实获得了丰富的爱情经历，然而蓦然回首却发现自己仍旧独影婆娑。

作为职场女性，我们身边肯定不乏追求者，我们只需要从中选择自己最为满意的一个，将感情投入其中，其实就已经完成了相爱的步骤。然而，相爱简单相处难，如果我们想要让这段感情真正成长起来，最终让我们与自己的爱人走入婚姻的神圣殿堂，终此一生，白头偕老，那么就一定要懂得相处的智慧。

当两个人彼此之间最初的激情退去之后，我们可能会发现爱情原来可以如此平淡。而失去了激情的支持，两个人之间的感情就需要依靠其他“精神支柱”来维持。在漫长的人生旅途中，唯有尊重和宽容才能够让我们的爱情不断获得养料，让它茁壮成长，从而抵挡“暴风雨”的袭击。

云，一个文弱清秀的女人，她有着南国女人的清丽，也有北方女人的果敢。她每天都在为自己的事业努力着，在她的身上看到的只是如同课表般的工作和生活次序，没有任何大的改变，好像她就是天生刻板的女人。

但是，在她的心里始终有着一段刻骨铭心的故事，她把这段故事深深地藏了起来，谁也无法知道这个故事的由来和结果。如果不是女儿一次偶然翻动她的抽屉，这个秘密真的会像她自己所说的那样只有在有机会的时候才会向她的丈夫说起。

这个秘密源自一颗红豆，一颗用一块青布包裹的红豆。

她很爱她的丈夫，但是在认识她现在的丈夫之前她有过一个男朋友。由于这个男人的离去使她沉寂了几年，才开始再次恋爱。这次恋爱就是他现在的丈夫，他们结婚后幸福有加，没有任何的不快乐。但是她还是要将这颗红豆一直珍藏。

女儿的发现让她如惊弓之鸟，不知该如何向丈夫开口，更怕丈夫会因此而对她心存芥蒂。

她看着她的丈夫和她的女儿，慢慢地将这颗红豆背后的爱情故事娓娓道来。当她惊恐地看着自己的丈夫，以为天即将塌下来时，丈夫将她的手紧紧地握了起来，说了一句：“真情是可以珍藏的，永远在你的心里。我们也是真情，人生有两次真情的迸发，我们是幸运的，是没有多少人可以体会的。我能理解你为何珍藏着它，更尊重你的选择。”

她看着丈夫，眼中泪水扑簌簌地流了下来……

此后，她与丈夫的感情生活不但没有出现任何不和谐，反而彼此更加恩爱。

我们都已走过了不短的一段人生路，谁在这一路上又能没点儿“故事”呢？正是由于云的丈夫选择了宽容和尊重，才使他们彼此间的感情更加牢固。对于我们这些职场女性来说，我们也唯有怀着这样的宽容和尊重之心，在面对自己另一半的过错、缺点或是这样那样的“故事”时表达出自己充分的理解，最终才能收获同样牢固的爱情。

爱情如水，宽容似杯，在爱情和婚姻中，包容和理解是最重要的特质，是每一个幸福和谐的婚姻家庭都不可缺少的必备素质，没有它就不会有爱情的延续。在这个世界上，每一个人都是独一无二，有个性有特性，有优点又有缺点的人。一个人不愿意为另一个人去接纳，去改变，去承担，去忍受，相互之间没有宽容之心，那么在日后漫长的人生旅途上，根本无法天长日久地相处生活。

女人多是感性的，稍不如意，就控制不住自己的感情，耍自己的任性和小脾气。再加上女人的肚量不够宽广，每当自己的爱人不能做到让自己满意时，就认为自己是天底下最不幸的人，是最大的受害者，是最痛苦的人，为此因为委屈而一味地要为自己讨回公道，甚至变本加厉地无理取闹。殊不知，这样做只能逼他走上绝情的道路。所谓以柔克刚，作为女性我们不妨多给男人一点原谅和宽容。你的宽容，会让他感动，会让他愧疚，唯有愧疚才会有改变，也唯有感动才会有回报。

而对男人的尊重则是维系感情的另一个关键。从古到今，中国的家庭模式就是“男主外，女主内”，所以，人们通常把女人称为“贤内助”。每一个男人都有在家庭中居于核心地位的诉求，因此作为女性我们给予他们充分的尊重是满足他们这种需求的基础。作为职场女性，我们在工作中已经实现了自己为自己做主的愿望，那么在生活中不妨把主权让给男人，让他们多一份自尊，让他在人前人后都能够做一个堂堂正正的男子汉。让他时时刻刻感觉到自己是一个男人，扬眉吐气，风风光光。

女性在恋爱过程中最忌讳的就是让与自己交往的男人感到“英雄气短”。男人，是家庭的脊梁，是女人的“卫士”，这个地位是女人无法替代的。所以，好女人总是要多给自己的伴侣一些自尊，让自己的男人能够挺直腰板，做一个真正的“大男人”。

爱、恨往往在一念之间，我们在茫茫人海中好不容易遇到了自己期待的爱人，高兴之余更应当懂得与爱人相处的智慧，用宽容和理解滋养爱人的心田，用宽容和理解赢得爱情的丰收。

手一牵，牵起的是一段纯真的岁月；手一放，放下的是一世的情缘。让我们用宽容和尊重牵起属于我们的那一段不了的情缘，那一份永恒的真爱。

7

爱要激情更要理智，越是浓情蜜意时越要清醒

爱情好像每一个女人的天堂，作为职场女性的我们也不例外。丝丝入心的温暖让心中如星星那样璀璨明亮，绽放光芒。当爱情发展到登峰造极时，是一份难以形容的情愫，此时“我爱你”这三个字说千百遍也不厌倦。

对于女性来说，恋爱的美丽奇妙让我们如痴如醉，恋爱所引起的激情犹如拍岸惊涛，浪涌千堆雪，壮丽得使我们目眩心动，让我们神魂颠倒。爱情需要激情，然而激情只能是爱情中一个短短的阶段。在激情过后，很多时候留给我们的只是幻想遭遇现实之后的忧伤，惆怅万丈之后的迷惘。

有一句话说得恰如其分：恋爱中的女人智商基本为零。爱情最初带来的那股激情往往会让我们女性丧失思考的能力，对是非的判断也会产生偏

差，甚至听不进旁人的劝告，最终给自己埋下了苦果。作为女人，我们不能没有对爱情的向往，但是我们的感情也应当受到理性的制约。爱需要激情，更需要理智，越是浓香如巧克力般的甜蜜爱情，我们越要提醒自己保持清醒。

盘点职场女性在爱情中的五种不理智行为：

（1）不断地泼冷水。

在爱情中，男人都希望能够得到自己心爱女人的鼓励，而不是被泼冷水。就算你觉得这个男人现在的成就还没有达到你的要求，也不要一味地泼他冷水。一次两次或许男人会觉得很有动力，但是如果你的这种行为成为了习惯，你越来越尖酸刻薄的话语会让他变得越来越烦闷，而后只能选择离去。

（2）缺乏信任爱猜疑。

你爱上了这个男人，相信了他的海誓山盟，就该从心底里相信他。有些女人的占有欲比起男人来还要来得强烈。嘴上说信任自己的男朋友，却总是时不时就来个电话查岗，甚至是突击检查。男友一和哪个女生走得近一点就吃醋耍脾气。这样的女人太过于敏感，会让男人觉得不被信任，对你们的爱情会渐渐失去信心。

（3）动不动玩冷战。

任性的女人比起温柔的女人来得更有味道，让男人觉得更加有激情。但是，凡事都有个度，如果女人太过于娇蛮跋扈，会让男人觉得苦不堪言。在爱情中，很多女人借着男人的宠爱，动不动就玩冷战，时不时来个小心机，耍下小脾气。男人一开始对这样的行为可以忍让，但是一旦男人的耐性被你磨光了，你们之间的爱情也被你弄丢了。

（4）爱情不需要共同语言。

当你喜欢一个男人，想要和他在一起的话，就要为你们的爱情做出努力。爱情是双向的，他会想要了解你的喜好，而你也应该这样做。否则的话，你会发现你们之间激情退后，完全失去了共同语言，而没有共同语言的爱情是可悲而短暂的，你们注定没有一个好的结果。所以，不要在激情尚在之时误以为你们是天造地设的一对，也许你根本就没有与他相伴一生的“资本”。

（5）恋爱必须谈得轰轰烈烈。

在你的心中，爱情可能如火般炙热，尤其是长期没有受到爱情雨露浇灌的女性更是在已得到爱情时，就恨不得把它立刻“点燃”。然而这种对轰轰烈烈爱情的渴望如果表达得过于明显，往往是会让男方认为难以承受你的爱，最终选择逃离。轰轰烈烈的爱情确实让人羡慕，然而却也有可能让人害怕。

当然，我相信作为一个心智健全的职业女性，我们每一个人都不会故意让自己出现这些不理智行为，只怪爱情来得太突然，让我们甚至都没有心理准备。不过，在与对方交往的过程中，我们还是能够通过对一些行为的约束来安抚自己内心的躁动。

第一，不要投入得太快。当你与他初次相识之后，不要期望每个周末都与他共度，开始进行不要求回报的“感情投资”，或是很快打算与他走入婚姻殿堂。不要心急，如果你们真的能够走到一起，未来的日子还长着呢。千万不要因为自己投入得太快，最终根本没有看清对方的真实面目就盲目交付了自己的一切，最终受伤的只能是自己。

第二，不要过早给你们之间的感情下“定论”。如果你想与男朋友分手，那么最快捷方法，就是告诉他你爱他，你要为他生一个孩子，他的反应多半是逃得无影无踪。两个人之间的感情需要慢慢积累，双方彼此也需要时间去接触和了解。有时要给你与他之间的感情一个酝酿的时间，过快地开始对两个人之间的感情下结论，最终只能吓跑对方。

第三，不要自欺欺人。你是否清楚地知晓他的每一项表现的背后动机？他对你的态度是否很平淡？他是否同时与别的女孩子约会？你们是否每星期只联络一次，而你则认准他是可托付终身的对象？或是你以为他嗜赌如命，暴戾的脾气都不是什么严重的毛病？如果你再这样自欺欺人下去，最终你迎来的绝不会是刻骨铭心的爱情而是痛彻心扉的绝望。

第四，不要过分表现自己。在恋爱中，你应表现得自信，大方得体，吸引力并不在于过分卖弄自己，那样只能让男性觉得你很做作。男性认为天然的吸引力比人为加工的优点理想得多。在与对方初识的时候，别以为你们一定要不断地持续谈话，沉默是金。即使你们都很渴望能互相了解，也用不着在最初几次约会里就将一生的经历如数家珍般道出，沉默往往是女性的魅力之一。

第五，可以期待他能给你怎样的生活，但是别太早表露出来。如果你点了一份龙虾晚餐，并且告诉他你最喜欢的礼物是钻石的话，就尽情地吃这顿吧，你将不会再见到他。不管一个男人多么富有，也不会喜欢别人告诉他如何花费，或将钱花在谁的身上。恋爱的激情可能让你误以为你的身份已经足以驾驭他的收入，但是这只能让男人觉得你肤浅。男人喜欢有见识的女人，而不是那些一心找寻长期饭票的人。

如果我们想成为一名能够掌握自己爱情的职场女性，恋爱的时候，也请理智地擦亮你的慧眼，不要做个爱情的弱视儿。爱在激情时，请保持三分的理智。让理智给我们的爱情“降降温”，太过炙热的爱情只会让我们引火烧身。

爱情太美，也太容易给人带来心理伤害。当你被他迷得晕晕乎乎的时候，要提醒自己，在爱情的博弈中需要理智，否则只能输掉一生的幸福。

8

缘来缘尽，该放手时学会放手

缘分是一种奇妙的东西，它可能在我们不经意间就突然到来，弄得我们不知所措；也可以突然间就溜走，让我们怅然若失。缘来缘尽本就不是我们所能控制，有时因为各种各样的原因本让我们以为能够走到世界尽头的缘分，却也落得曲终人散。

对于爱情，我们女性可能比男性更加珍惜，在失去时也更难以释怀，因此我们中的有些人选择了强留即将失去的爱情，有时甚至不惜欺骗自己。然而，爱情就像我们手中的沙，你攥得越紧，它反而流失得更快。

我们可能都听过这样一句话：该是你的终究是你的，它跑不了；不该是你的永远也不会是你的，你留不住。缘分即是如此，当缘分到来时我们理应欣然接受，而当缘分逝去时，我们也要学会放手。

当然，作为女性我们对每一份感情都珍重至极，学会放手并不代表可以随意放手，而是要学会智慧地选择，在应该放手的时候不做无谓的“挣扎”。爱情在很多时候都是盲目的，当初，我们曾为他做的事，是觉得多么天经地义，然而终有一天，我们却会感到当初荒谬至极。因此，当我们面临挽留还是放手的抉择时，要学会运用理智，让理智为我们做出正确的决断，让理智帮助我们挽留该挽留的，放弃该放弃的。

有一个小和尚被吩咐去买油。离开前，厨师交给他一个大碗，并警告："你一定要小心，绝对不可以把油洒出来。"

小和尚答应后就下山买油。他小心翼翼地端着装满油的大碗，丝毫不敢左顾右盼。很不幸的是，在快到庙门口时，由于没有向前看路，踩到一个洞，洒掉1/3的油。小和尚非常懊恼，而且紧张到手都开始发抖。终于在回到庙里时，碗中的油就只剩一小半了。

厨师拿到碗，大骂了小和尚，小和尚很难过。老和尚看到了，对小和尚说："我再派你去买一次油。这次我要你在回来的途中，多观察你看到的人和事物，并且要向我做一个报告。"

回来的途中，小和尚发现其实山路上的风景真是很美。远方能看到雄伟的山峰，近处又有农夫在耕种。一会儿又看到一群孩子在路边玩得很开心，而且还有两位老先生在下棋。这样边走边看风景，小和尚不知不觉就回到庙里了。当小和尚把油交给厨师时，发现碗里的油装得满满的，一点儿都没有洒。

有时我们就像这个小和尚一样，由于太过在乎某样东西反而最终会失去，甚至阻挡了我们发现其他美丽的眼光。在我们每个职场女性心中，爱情都占有举足轻重的地位，然而当我们无所不用其极地去"保护"它时，往往只会伤害了自己。

那么，我们如何判断何时该选择放手呢？毕竟我们每个人对于爱情都抱有严肃的态度，对于我们职场女性来说已经不是那个"敢爱敢恨"的年龄，因此我们不会轻易放弃自己来之不易的爱情。这就需要我们在恋爱的过程中注意一些细节，当这些情况发生时，我们就应当仔细斟酌是否要选择放手。

第一，当你的恋人期望你伪装成另一个人时。不要为任何人改变真实的自己，做真正的自己。与为了维持这段关系而将自己伪装成另一个人相比，真实做自己的做法更为明智。因为与将一个支离破碎的人格拼凑在一起相比，修复一颗破碎的心更加容易。因为填补某人在你心中留出的空白，要比填补你内心里的自我缺失所造成的空白更加容易。我们也许并不足够优秀，然而却也没有必要为了挽留爱情而选择放弃自我。对于每一个职场女性来说，我们就是我们自己，无需装成任何人。

第二，当你的恋人言行严重不一致时。每一个人都值得拥有让自己对明天充满希望的人，如果我们的交往对象的言行总是不一致，给我们带来了不好的心理体验，那说明你应当放下他了。孤单一人总要胜过陷入一段糟糕的关系。真正的爱情是内心里默默做出的承诺，不论时间还是距离，都无法改变或摧毁它。不要只听对方讲的话，要看他做的事。时间久了，你就会慢慢地发现这是不是一段值得呵护的姻缘。

第三，当你发现自己正在强迫一个不爱你的人爱上你时。我们不可以强迫任何人爱上自己。当对方想要离开我们的时候，我们不应该乞求他们留下来，这样做只会让自己变得一文不值。爱走向穷途末路并不意味着生活走向终结，这应该是一种领悟的开端。有时，爱离开我们是有原因的，但每次它都能让我们懂得什么。随便谁都可以走进你的生活，然后说我很爱你，但只有真正爱你的人才可以融入你的生活并证明他们对你的爱。

第四，如果你感觉你的“另一半”总是忽视你的价值时。认识到你自身的价值，面对不尊重你的人，你只需意识到他不会像你关心他那样关心你这一事实，然后选择放手，让他安安静静地从你的生活中消失。因为如果某人想要你成为他生活中的一部分，他们会主动为你留出这个位置。有时我们女性会觉得放不下一段感情，但当你真的这样做了之后，你会觉得也没有那么难。

第五，当你发现自己需要频繁地牺牲幸福来维系一段感情时。如果你允许别人一味从你身上获取却很少给你回报，那在你意识到这点之前你的生活早已失去了平衡，陷入了困境。知道何时该停止给予，何时该选择放手，尊严地保持单身总要胜过身陷一段要求你牺牲你的快乐和自尊的恋情。

作为职场女性，我们要懂得珍惜爱情，因为它可谓是我们生活中的“奢侈品”。同样，作为职场女性我们也要学会放手，因为你手中的爱情很可能是令你肝肠寸断的“毒药”。在我们选择放手前，可能觉得这太过艰难，然而一旦我们学会放手，我们终将克服内心的悲伤，忘记痛哭的原因和带来这种痛苦的人。

我们必须明白，获得爱情与幸福的秘诀不是想办法牢牢抓住爱情，而是让事情自然地发生，并从失败的经验中吸取教训。死缠烂打是一种伤害，害人更害己，受伤的永远是付出最多的自己。留几分爱给自己，活出精彩，活出尊严。

放手不是永远地放弃，更不是逃避。放手是为了让我们“腾出手”，抓住未来真正属于我们的幸福。

9

失恋不是世界末日，爱情也不是你的全部

我们可能读过许多关于爱情的诗章，听说过很多关于爱情的故事，也感受过爱情的快乐与痛楚。但是千万不要认为，自己生存着就是为了爱情。爱情，无非是两个人演绎的所有幸与不幸，它并非人生的全部。

谁的感情道路也不可能一帆风顺，失恋自然也不可避免。然而如果我们把失恋当成了世界末日，那么可能它让你失去的就不仅仅是爱情了。有人陷在爱情的旋涡不能自拔，苦苦挣扎未果，于是便用他失落的心情诉说

爱情的苦，进而让这种低落的心情影响到爱情以外的生活、工作，让自己的人生变得一团糟。

然而这样做并不能让我们挽回什么，只能让我们失去得更多。换一个角度去想想，也许失恋意味着我们失去了曾经我们视为生命的爱情，然而却也给了我们机会去迎接一段崭新的爱情。我们失去了一份爱情，却换来了更多选择爱情的机会，塞翁失马焉知非福。

六件小事帮你走出失恋阴影：

（1）尽情哭出来。

有人说，“失恋了哭有什么用，为了一个不懂得珍惜你的人哭，很傻！”所以，你假装坚强，人前笑，人后哀，最后抑郁成疾，难道这样就值得？心理专家说，当女人心中情绪压抑时，身体就会分泌有害的生物活性物质，这些有害物质不仅会改变人体内的酸碱平衡和激素分泌，还会破坏细胞免疫力。而尽情哭泣能让这些有害物质通过泪液排出体外，从而降低体内的有害物质浓度。而且，当你在哭泣的时候，负面情绪的强度也会降低40%左右，这就是为什么大哭之后你会感觉心情比之前好了许多。

（2）做一件你一直想做又不敢做的事。

你从来都是个“乖乖女”？不敢坐过山车、没有一个人走过夜路、没有试过一个人去旅行？……好吧，现在就去尝试这些你一直想做但又从来没有勇气去做的事情。不要认为失恋就意味着失去了整个世界，不要把自己关起来不与外界接触，要知道他放弃你并不是因为你不好，只是他不懂得欣赏你的好。你之所以会因为失恋而长时间心痛，是因为你的内心不够强大。换个角度去体验生活，也换个角度去体验自己，让自己的内心变得强大起来，这样那些失恋带来的痛苦就不会一直挥散不去了。

（3）把失恋的故事告诉朋友。

失恋后的你不愿意跟人说话，也不想跟人交流？你就像一只受了伤的小猫，自己舔舐着伤口，希望这痛彻心扉的感觉随着时间一点点慢慢地自愈？这样做的结果只会让你越来越难受，越来越自闭和抑郁。其实，你可以每天约一个朋友，跟他讲述你失恋的经历，告诉他你现在的心情糟透了，朋友会悉心安慰你、开导你，让你感受到除了他，还有很多人在关心你、爱护你。当每一次把自己的故事告诉一个人的时候，你的伤痛也会一点点剥离，这样做不但可以帮你治愈失恋的伤痛，还可以让你更容易接受更多的爱。

（4）换一个新发型。

失恋后心情烦闷、躁郁，你喜欢通过疯狂的 shopping 来缓解心情？但是，为了一个不懂你的男人弄得自己财政赤字可不划算。其实你还有让自己心情好起来的更佳选择，那就是——换一个新发型！不仅古人会用“剪断三千情丝”的方式来说明变换新发型对治愈情伤非常有帮助，现代的心理学研究也发现，一个全新的靓丽发型会让女人瞬间充满自信，心情也迅速变得好起来，有效排解掉心中的烦躁情绪。看着镜中与以往完全不同的自己，你是不是已经对未来的新恋情充满信心了？

（5）养一只宠物。

心理专家一致公认饲养宠物可以帮女人治愈心灵的创伤，使女人摆脱失恋后的孤独感，增强独立生活的信心，同时，还可以教会女人如何去爱，使女人看到生活的意义。很多女人在失恋时，都会觉得自己已经不会爱了，觉得自己的付出完全没有回报，那么这时候，养一只宠物吧，它可以帮你减轻内心的痛苦，还可以帮你治愈你心灵的伤痛，让你觉得自己的心又活了过来。当然，在养宠物前我们要确定自己有能力照顾它，毕竟这是一个生命，而不能像买东西一样随便。

（6）与已经从失恋经历中走出来的朋友聊天。

两性心理学专家说，在经历失恋之后，女人会感觉到特别孤单寂寞，需要有朋友和家人的安慰，如果在这个时候，能有一个曾经与自己有过同样失恋经历并且现在已经彻底走出来的朋友聊天沟通，得到对方的安慰鼓励，会有感同身受的感觉，会更容易走出失恋的痛苦。更重要的是，在与她聊天的时候，你会觉得自己并不孤单，也更容易对生活和爱情重拾信心。

我们每一个职场女性都应当在心中这样告诉自己：“爱情不是生活的全部，生活才是爱情的基础。”如果我们为了爱情而放弃了生活，那么无异于舍本逐末，最终只会让我们悔之晚矣。

快乐是爱情，痛苦是爱情。没有爱情的生活仿佛白开水，清澈无味。但谁又真正愿意过清心寡欲的生活呢？只是，人生有太多的事情了，爱情不是生活的全部，它不过是生活的一部分，或是占的分量稍微多了点罢了。其实，每一件事情都需要我们用心，每个人都希望被好好对待的，人还是不应该把爱情看成是全部生命。如果曾经是痛过的，也该重拾心情，忘记过去，给自己新的开始。

失恋并不是什么大不了的事情，要克服对重新开始恋爱的恐惧心理。很多人因为失恋后便害怕重新开始一段爱情。他们因为曾经在上一段爱情里受过伤，或许伤痕累累，伤疤还未痊愈，于是迟迟不肯迈出追求真爱的脚步。事实上，重启一段爱情远没有想象中那么恐怖与忐忑。如果说我们因为害怕再次在爱情里受伤而不再去爱，我们将会因此错失更多更美好的风景。如果我们克服失恋的阴影，勇敢去爱，敞开心扉去接纳另一个更好的人给予的爱，这会是治愈失恋最好的药方。

让我们学会勇于和过去告别，果断行动，追求真爱。失恋是过去式，而真爱的追求永无止境。把那些在爱情里受过的伤，当作是成长的礼物。在失恋过后，我们更应该理直气壮地去迎接另一段崭新的爱情。

最好的爱情莫过于在对的时间遇到对的人然后紧紧把握住，不再让爱情错过。失恋不要紧，重点是汲取失恋的经验教训，抓住真爱，创造属于自己的幸福人生。

10

远离已婚男人，不被祝福的感情不值得拥有

从我们走入职场，走入单位的那天起，我们真正接触到了社会，接触到了更多形形色色的职场人。此时我们可能会发现，原来我们身边有这么多优秀的人，其中甚至有一些让我们为之动心的成熟男性。然而当我们了解之后，却发现原来他已经“名草有主”，这让我们难免有些怅然若失。

但是请切记！停下你追逐的脚步，否则你将迈入万劫不复的深渊。“小三”自古以来都是被万人唾弃的对象，这个角色无论如何都不该属于任何一个职场女性。也许有的人可能会说自己追求爱情并没有错。追求爱情确实没错，但是如果你要把自己的爱情建立在他人婚姻破裂、家庭沦丧的基础上，那么就是大错特错。

不管你有多么爱他，如果他已有家室，这种爱情都是不会得到任何人祝福的，是不值得你去拥有的。

你要明白一个能够接受其他女性感情的已婚男人，往往是抱着这样的心理：他们情感丰富，但是缺少了婚前那剂调味料，于是就总幻想着能给生活来点刺激，给人生添点快乐。已婚成熟的男人一边在家扮演着模范丈夫的角色，一边却用不安分的眼睛四处张望，希冀着能够找寻到合适的目标，演绎一回浪漫，涂抹点春天的色彩。

这些怀着“出轨”之心的已婚男人自私，也贪心。他总希望自己的老

婆循规蹈矩，却为自己的艳遇理直气壮。他们认为只有“家中红旗不倒，外面彩旗飘飘”才能够算是成功和成熟。然而为了这一切他们却不惜伤害自己的妻子，那就更不要说一个无名无分的你了。那些已婚男人会煞费心神地和女人调情，其实心中却满是鄙视。他想得到的不是女人对他的爱，而是女人能满足他的爱。容易被表象感动的那些女人，却误以为自己能够得到爱情，一厢情愿地做着天长地久的美梦，等待的却是或早或迟破碎的那一天。

灵儿高中毕业进了一家公司上班。因为家境不错，她的成长可以说一直是顺风顺水，无忧无虑，直到有一天聚会遇到“他”。

他是另外一个公司的经理，因为经常在一起开会所以就和灵儿逐渐熟悉起来。几次接触后灵儿感觉他对自己态度很好，很欣赏她。灵儿自己对他的印象也非常不错，但同时也有些怪怪的感觉。一次他突然来到她的公司，灵儿以为又是开什么会，结果他说是专门来找她出去喝茶的。灵儿当时有点意外，但觉得既然是熟人也没什么，就跟他去了。他们一边喝茶一边聊天，聊了很多话题，发现在很多方面他们都能够找到共同点。此后，他接二连三地找灵儿一起外出，后来又对她说很喜欢她。灵儿有点惊讶，她看他的年龄不小了，感觉不可能没结婚。结果在灵儿的询问下，他告诉她自己 36 岁，已经结婚并且有一个 10 岁的儿子。

那次接触之后，灵儿经常接到他发来的短信，说自己有多么喜欢她。

这件事让灵儿夜不能寐，她想：如果他要是未婚，我会欣然接受，但现在他是已婚之人，会不会一时对我有新鲜感，新鲜感过了我们就不会在一起。

就这样灵儿虽然没有答应与他在一起，但是两个人依旧保持暧昧的关系。最终，灵儿并没有守住自己的底线，在他的不断哄骗下开始与他同居。

他对灵儿说自己会负责。但是灵儿却对他表示自己不是那种自私的人，不会破坏他的家庭，他可以不离婚，但不可以对自己不好。于是，灵儿成为了一个彻头彻尾的“第三者”。

不久之后，灵儿的父母发现了她的恋情，极力反对她和他的交往，但此时的她已经深陷感情的囹圄，听不进去任何人的话。

就在过了4个月之后，灵儿突然感觉不舒服，心想：不会是怀孕了吧？她不知该怎么办，问了公司同事之后，去药店买了测孕试纸，一测发现真的怀孕了，她当时就蒙了。

想起他对自己曾经说过的他会负责任，于是她打电话告诉他，没想到他在电话中却说：“你骗我呢吧，是不是想故意拿孩子来要挟我，是不是想要钱？”灵儿听到这样的回答后，伤心欲绝，她一个人去了医院，把孩子拿掉了。当自己跌跌撞撞地从医院出来后，灵儿多次打电话给他，责问他为何不来看看自己，然而他每次都会编故事来进行推脱，一会说公司有事，一会说家中有人去世。灵儿突然有种感觉，他开始变了，故意在躲避她。再往后他干脆不再接电话，短信也不再回复。

灵儿怎么也想不明白，这个对她说尽甜言蜜语、口口声声说爱她的男人如何在一夜之间就改变了态度？痛苦无助折磨着她的身心，最后她决定用自杀来结束这一切。在家中的洗手间，灵儿用剃须刀割开手腕，鲜血淌了满身满地，直至她开始迷糊两手冰凉的时候，家人发现了才赶快处理伤口把她送到了医院。

在我们追寻爱情的道路上，难免会跌跌撞撞，然而却绝不应该踏入“第三者”的“死途”。已婚男人的爱情，总是在口口声声的爱中平淡，而内心柔软的女性却在他们喋喋不休的爱中深陷，甚至会傻傻地为了伟大的爱情奋不顾身。别做着让男人离婚和你结婚的美梦，男人是不会放弃苦心经营的家舍，和你这个萍水相逢的女人谈婚论嫁的。你只是他炫耀自己男性魅力的一件试验品，当你的作用发挥完了，你的使命也就该结束了。

当然，狡猾的男人还是会用几滴悲伤的眼泪表示他是身不由己，可是戏演完了他可以轻轻松松全身而退，回到那个温暖小家中继续扮演他好好丈夫的角色，家中那个女人还会为他的迷途知返喜极而泣，留下的却是你独自在一边沉默流泪，痛苦疗伤。

有人说男人越老越值钱，已婚男人的身上褪尽了青涩，成熟的事业和成熟的身心的确比毛头小伙更吸引人。于是众多女性情不自禁被已婚男人的风度和气质所吸引，付出了自己的真情，明知是飞蛾扑火，却还是屡伤屡试。情是泼出去的水，一发而不可收拾，可光阴却在泼出感情的同时也枯萎凋零了，最后当身心俱疲时蓦然回首，才发现自己只是陪已婚男人浪漫了一回，他得到了他想要的而你却失去了所有。故此，作为一名对爱情保持理智的职场女性，远离已婚男人才是明智的选择，让我们的爱得到众人的祝福，让我们的爱能够见得阳光，这才是真正的爱情。

第四章　经营婚姻，守护幸福：优秀职业女性营建和谐家庭的智慧

优秀的职业女性懂得，婚姻不是爱情的坟墓，而是幸福的开始。所以，她们舍得用全部的心来认真经营自己的婚姻，全力守护自己的幸福。职场有职场的规则，婚姻有婚姻的秘密，她们明白如何把干练和温柔用到不同的地方，懂得自己在家庭中的角色和地位，懂得夫妻相处的艺术，更懂得以一种“小女人”的姿态进入家庭，因而她们的家庭永远温馨甜蜜，幸福满溢！

1

悦纳自己的婚姻，不要苛求完美

俗话说男大当婚女大当嫁，然而当我们步入婚姻的“围城”，可能却发现原来婚姻并非我们想象得那样完美。作为一名职场女性，步入婚姻是我们人生必经的成长之路，步入婚姻也是我们走上幸福之路的第一步。然而要想真的在婚姻中成长，在婚姻中幸福，那么就请不要在婚姻中苛求完美，学会悦纳自己的婚姻。

婚姻是衡量一个女人幸福与否的最重要的筹码。但随着社会的发展与变化，婚姻观念发生了很大的变化，婚姻与单身一样成了如今一些人生活状态的选择。与单身生活相比，婚姻有很多好处。比如，可以两个人贷款买房，两个人赚钱养家，遇事可以和人商量，有人与你共进晚餐，下雨有人给你送伞，生病有人陪你去医院。

当然，这一切的前提都是我们能够全身心地投入到自己的婚姻中，从心底认为自己的婚姻是幸福的。在这世间，任何事情总有缺憾，婚姻亦是如此，没有谁的婚姻完美无缺。倘若我们只看到婚姻中那些让我们不满意的一面，那么又怎能在婚姻中得到幸福。

一位未婚的女士来到一家婚姻介绍所，进入大门后，迎面见到两扇门。一扇门上写着：美丽的；另一扇门上写着：不太美丽的。于是她推开“美丽的”大门，迎面又见到两扇门。一扇门上写着：年轻的；另一扇门上写着：不太年轻的。她推开“年轻的”门，迎面又见到两扇门。一扇门上写着：善良体贴的；另一扇门上写着：不太善良体贴的。她推开“善良体贴的”门，又见到两扇门。一扇门上写着：有钱的；另一扇门上写着：不太有钱的。她推开了“有钱的”门……

就这样一路走下去，她先后推开过美丽的、年轻的、善良体贴的、有钱的、忠诚的、勤劳的、文化程度高的、健康的、具有幽默感的九道门。当她推开最后一道门时，原来她已经走到了婚姻介绍所的出口。

也许作为一名优秀的职场女性，我们并不需要通过婚介来实现我们的幸福，然而在我们审视自己的婚姻时，却也难免选择“完美”的眼光。

在现实生活中，我们很多人都过分地追求完美，尤其作为职场女性，我们更有可能将工作中精益求精的态度带入到我们的婚姻中。但是，世上本来就没有完美无缺的人和事。金无足赤，人无完人。如果我们陷入完美的误区，总是用完美的眼光来审视自己的婚姻，那么我们很可能会错过终身的幸福。

“完美本是毒。”事事追求完美是一件很痛苦的事，就如毒害心灵的药饵。婚姻就像我们和自己的爱人共同搭建的“爱巢”，然而在搭建的过程中，我们自己或是对方都无法做到尽善尽美，毕竟我们都是人，并不是神。追求完美只是我们努力的方向，不是我们的终极追求，我们不必苛求婚姻的完美。维纳斯是美的，她的断臂使她的美成为残缺的美。上帝总是公平的，在为你关上一扇门的同时，又为你打开另一扇窗。因此说，我们应该接受婚姻中的缺憾，不要自寻痛苦和烦恼。要明白，在这世上很多事情之所以吸引人，就是因为它不完美。

一个完美的婚姻从某种意义上来说也是可怜的。因为我们无法从完美的婚姻中体会到生活里有所追求的、有所希冀的感觉。正因为完美，我们也无法从婚姻中体会到当自己得到了一直追求的东西时的那种喜悦的感觉。

婚姻的缺憾有其独特的意义。我们不能杜绝缺憾，但是我们可以升华和超越缺憾，并且在缺憾的婚姻中追求完美。缺憾可以当作是我们追求的某种动力，有了缺憾就会产生追求的目标。有了目标，就如同候鸟有了目的地，即使总在飞翔，累得上气不接下气，却也总是能够坚持下去。

因此，接受我们“不完美”的婚姻，当你笑纳了这一切，你的婚姻其实就已经足够“完美”了。

2

善解人意，做丈夫最贴心的人

也许我们经历了无数职场的风云变幻，也许我们经历了许多次爱情的奇妙旅程，然而对于婚姻来说，我们都是初学者，无论我们有多么丰富的感情经历，毕竟婚姻对于大部分人来说一生只有一次。

作为女人，我们都希望能够牢牢“拴”住自己的丈夫，让他在婚姻中感受到无尽的幸福，让这段姻缘能够走到天荒地老。作为婚姻的“初学者”，我们苦苦寻觅方法，却无从下手。其实想让自己的老公感受到幸福，想让家庭维持和睦并不难，只要我们首先学会善解人意，让我们的丈夫认为我们是他最贴心的人。

作为职场女性，我们与男人一样，每天在职场中“血拼”，很可能将工作中的情绪带入到婚姻中，而让自己失去了“小女人”本色，对丈夫的关心越来越少，反之埋怨越来越多，控制欲也越来越强。然而，一旦我们总是在婚姻中表现得像一个“领导”，而非体贴丈夫的妻子，那么就很有可能让男人误以为我们对他的爱在消退。也许我们可能会说，其实自己心里是非常在乎这段婚姻，然而毕竟男人没有透视眼，他只能通过我们的行为来判断我们的心意。因此，职场女性如果想要表达自己对于丈夫的爱，那么就要学会做一个贴心人。

女人爱男人，可以有很多种方式，但最有效、最好的一种方式，就是贴心地爱。所有男人都会这样认为：遇到一个能够给自己贴心的爱的女人，是自己一生中最大的幸福。而善解人意，体贴入微也是中国传统中女性对于爱的最好诠释。学会体贴我们的丈夫，他不仅会感受到我们的爱，更会感受到我们的女人味。

教你如何用“手”给丈夫最体贴的爱。

（1）为他而盛装打扮。

还记得在许多年前，他送给你的那条项链吗？你不是很喜欢，所以戴了两三次，就塞到抽屉的最底层了。现在，你可以把那条项链找出来，戴上，给他一个出其不意的惊喜。

女人为悦己者容的关键在于：根据他的品位来打扮自己，而非你自己的偏好。所以，聪明的女人总是带着男人去购物，参考男人的意见，选择男人认为性感的物品。

男人是百分百的视觉动物，所以，当你的打扮符合他最狂野的想象时，他会觉得你非常美，而且也会觉得你非常浪漫——他们需要视觉享受。

（2）经常抚摸他。

这不是在谈论性，也不是纯粹意义上的按摩。只是当你看见他时，习惯性或自然地抚摩着他，这会让他觉得非常放松。而且，这种温馨的举动无言地传递这样的信息，“我爱你，我理解你，我想念你”。有时候，这种温情比性更能增进你们彼此之间的感情。

抚摩他的关键在于告诉他，你接受和爱他的身体，他的灵魂，他的一切。女人，学习让手指表达爱意。

（3）给他完全自由的一天。

也许，在你看来，没有你参与的事情，他也会认为浪漫，这是不可原谅的。不过，男人也需要男人与男人相处的时间。许多已婚男人都特别怀念他们没有家累时的生活。

不仅如此，这还意味着你对他的信任。如果你可以让男人获得完全自由的一天，在这天里，你不会进行电话追踪的话，这说明你们之间互相信任，还能促进彼此之间的感情，而他，也会对你的体贴有着感激之情。

（4）做他心理、生理上的按摩师。

不仅仅只是在他感到疲乏时，给他按摩身体，更重要的是在他的身心疲惫、心理低潮期，做他的心灵按摩师。

男人为事业、为家庭而打拼，当他身心俱疲地回到家里时，最需要的不仅仅只是身体的按摩，更是心灵的抚慰。每个聪明的妻子都应该是丈夫的心理按摩师。你也许不会按摩男人的身体，但你一定要会按摩男人的心灵，如果你不会，男人会找另一个女人按摩的。

对于女人来说，鲜花、巧克力还有甜言蜜语是浪漫不可缺少的必要元素，而对于男人来说你的体贴就是对他最好的鼓励和褒奖。当然，表达体贴并不仅有用“手”的方式，其实在婚姻生活的一点一滴中，我们都能够通过一些“小手段”来让我们的丈夫体会到我们的善解人意。

第一，爱人就是爱人，不要比较。爱人就只有一个，“老公”两字在女人心目中应该是“神圣”的，只要去爱，不要拿来比较，不要老说别人的老公如何如何好。别数落他没出息，你是他最亲密的人，你应该鼓励、理解并支持他。对大多数男人来说，赞赏和鼓励比辱骂更能让他有奋斗的力量。

第二，不要整天追问他“爱不爱我”。他若真爱你，你不必问；他若不爱你，他已做了你的丈夫，难道他会对自己的妻子明确地承认他不爱你吗？除非他不想要这段婚姻了。他对你的爱，用心去体会就品味出来了。爱是做出来的，不是说出来的。

第三，不要摆脸色给对方看，生气的女人是很丑陋的。现在的社会，男人有很多压力，需要女人的鼓励和支持，一个男人下了班后回家还要看女人的脸色，这种男人会活得非常累。宽容是做人和对待婚姻应有的态度，应该容忍和体谅对方。

第四，男人对自己的尊严看得比什么都重要。不管在私下他有多么宠爱你，多么怕你，在人前一定要给足他面子，让他做“天不怕，地不怕，老婆更不怕”的顶天立地的男子汉。

第五，男人大多喜欢吹牛，你别戳破他的这个小把戏。他们这么做是让自己得到一点力量，找到一点自信，好继续人生征程上的拼搏。

第六，别剥夺他的爱美之心。生活中，男人骨子里全都喜欢美女，看到美女会目不转睛或回头行“注目礼”，你别认为他不爱你，也别认为他好色，爱美是人之天性，与品格无关。

第七，男人都喜欢温柔的女人。原因是他们内心很脆弱，不像外表那么坚强，他们需要妻子的柔情似水，柔声细语，轻怜蜜爱。把你温柔的一面尽情展露给他，他就会把他的心和你紧紧靠拢，钟爱你一生！

第八，家庭永远是第一。对于男人女人来说，固然要有事业心和责任感，要从工作中得到乐趣，但千万不要做工作的奴隶。工作是为了更快乐地和家人及朋友在一起，享受生活，享受生命。

第九，他的父母就是自己的父母。爱屋及乌，“老吾老以及人之老”，只要内心深处真正感到这就是自己的父母，心理上对老人依恋亲密，老人会感受到这份真心的。何况，人老了很像孩子，只要像哄孩子般哄老人开心就好了。一个和公婆关系亲密的妻子，在丈夫眼里一定是个贤惠的好妻子。

体贴就好像是婚姻中吹来的一阵温暖的春风，当它拂过男人的心灵，必然能够让他感受到无尽的爱意与眷恋。也许我们在职场中雷厉风行，也许我们早就被工作中的一次次挫折打造成钢筋铁骨，然而我们依旧可以选择拥有一颗柔软体贴的心，让它为我们的婚姻生活增添一丝善解人意，增添一份对丈夫的爱。

3

给丈夫留面子，就是给自己积累幸福因子

曾经有过一项调查中问：男人的死穴是什么？一万名参加调查的男人中，竟然有 73% 的人回答：男人的面子就是男人的死穴。男人需要有面子，男人也最怕失去面子。由此可见，用“死要面子活受罪”这句话形容男人，一点也不为过。而作为妻子的我们，更应当理解自己的丈夫对于面子的看中，也更应该维护他的面子。

有些女人就不给自己的男人留面子，不管在什么场合，在什么人面前都会数落自己的男人，把男人说得一无是处，让男人很没面子，很难堪。中国有句古话：当面教子，背后教妻。更何况一个大男人。总是让自己的丈夫颜面扫地，其实对于我们自己的面子又何尝不是一种损失？对我们婚姻的幸福指数又何尝不是一种损失？

要知道男人虽然外表看上去“粗枝大叶”，但内心并不像外表那么坚强。因为他们要在外面打拼，比较在意别人的看法。已婚的男人，他的面子很多时候是妻子给的。面子，虽说不能当饭吃，但也是很重要的一个精神因

素。因为它关系到一个人的自尊。生活中，人不只是吃饭、穿衣那么简单，所以许多时候男人很在乎妻子对他的评价。

其实我相信我们每一个人都是爱自己的丈夫的，要不又怎么会与他走入婚姻的殿堂。有时是因为我们职场女性过于要强，因此总是希望自己的丈夫能够更好，用一些刺激他的方式来激励他。其实这并非是一种不可取的方法，但是在这样做时，我们一定要注意尺度，更要注意场合，要学会给自己的老公留足面子。这样他不但不会觉得丢人和反感，反而会感激你帮助他不断进步。

单位有个同事老王，有一次因为他的作品终于出版面世，高兴之余邀请我们去他家里做客。我们几个同事欣然前往。

可自我们进门起到告别他家，他的妻子都是板着一张苦瓜脸，对我们一副爱理不理的样子。老王一个劲地给我们解释：“她就是这个样子，你们不要介意。”晚饭的时候大家喝了点酒，王夫人更是在厨房摔摔打打，拿锅碗瓢盆出气。我们几个只好知趣地告别。

刚出门就听到门内的吵架声，大家都说以后他家来不得。老王从此也不再邀请我们到他家里做客。

后来老王在同事面前诉苦说，妻子在父母面前也常不给他留面子。有时他为了哄父母开心撒谎，说特意给父母买了营养品，王夫人就会立刻拆穿，明明是别人送的，他自己不爱喝。让老王一下很尴尬。

最终，老王在一次次颜面扫地后终于忍无可忍，最终选择了离婚。一段婚姻就这样因为“面子”问题最终走向了毁灭。

如果我们是一个明智的妻子，那么就绝对不要像老王的妻子这样。即使我们平时在家能够把丈夫指挥得团团转，但在众人面前，也应该顾及丈夫的脸面，甚至要做出一副小鸟依人般温顺的样子。这样既能够体现我们作为妻子对丈夫的充分尊重，更能够让丈夫为我们的理解感恩戴德。

女人，应该明白给男人留面子，同时也是对男人尊严的维护，也是女人自信的一种表现。把丈夫损得一无是处，既然他这么差，你还跟着他干什么？那不是说明你自己也很差劲吗？用“物以类聚，人以群分”的观点来看，你不也和无能的他一样了吗？在不给丈夫面子的同时，也丢尽了自己的面子。

女人，给足男人的面子，还要多多练心。女人的修养、谈吐、风韵、智慧、笑容，都是帮衬男人面子的重要组成部分。不断给丈夫留点面子，花心思维护自己丈夫的面子，是夫妻关系相处之道中能够达到和谐的踏脚石，也能给婚姻留下更多的缓冲地带。让婚姻多一分美满，少一些遗憾。

男人都喜欢处事得体、有分寸的妻子。所以，即使你当时对他恨得咬牙切齿，也要面如桃花，小鸟依人。永远别在外人面前让他下不来台，跟他一起维护他的尊严，包括在朋友面前、父母面前以及同事面前，让他觉得他是一个家庭的户主，一个十足的男子汉。

作为职场女性，我们都足够聪明，那就让我们学会维护自己男人的面子，这样我们一定能够把两个人的婚姻经营得更加和谐。

4

争吵要有“度”，吵架是一门艺术

在这个世界上，我们每一个人都有着自己的态度和立场，即使亲密无间的夫妻彼此之间也会有意见相左的时候。而正是因为夫妻之间的亲密，往往在意见无法达成统一时，一场争吵就此开始了。其实夫妻之间吵架是再平常不过的事了，不妨问问我们身边“正常”的夫妻，一定都或多或少地吵过架。

其实我们对于吵架可能有着很多的误解，认为两个人相爱又为何要争吵？然而不可否认的是，争吵是维系夫妻关系，甚至是给婚姻“保鲜”的重要因素之一。争吵其实是夫妻之间一种表达爱意和信任的方式。试想，在职场中我们与他人持有不同意见时，一定会有多方面的考虑，绝对不会选择用争吵的方式来交流。只有彼此恩爱的夫妻才能毫无顾忌地争吵，以此来最大程度地表示自己的意见。可以说争吵是婚姻中的一些“小插曲”，能够让我们的婚姻变得更有情调。

当然，虽然争吵能够增进夫妻感情，但是这也是建立在适度原则的基础上，我们谁都不会觉得争吵是一件乐此不疲的事情。而无休止的争吵只能让我们的丈夫逐渐产生“抵抗力”甚至是厌烦。作为一个懂得维系婚姻的智慧女性，我们一定要学会如何把握争吵的“度”，让我们在利用争吵作为婚姻平淡时期的“调味剂”时，也不会因为味道太“重”，而最终毁了婚姻这盘“大餐”。

适度吵架要学会“四不”。

（1）不要牵涉到其他人。

两人发生口角的时候，虽然有可能会因为对方“嚣张的气焰”暂时失去理智，但是再生气也不能把毫不相关的人牵扯进来。无论是父母兄妹还是闺蜜死党，在两人都窝了一肚子火的情况下，这些无辜人士的卷入只会不断扩大战场，甚至会僵化彼此的亲人圈和交际圈，对夫妻之间矛盾的解决没有任何帮助。

（2）不要把对方全盘否定。

经常可以看到夫妻在马路上吵架，理由就是妻子觉得丈夫没有采纳自己的购物意见或审美标准。哪怕她老公只有这一次没有听她的话，她就会说："你从来不问我的意见，老是自作主张！"或"随便你！不管我做什么，你都看不顺眼。"这样无中生有的对话会让对方觉得你是在故意找茬或给他下马威，即使勉强给你台阶下，恐怕他心里也会对你有怨言。聪明的妻子应该善于给对方吃"糖衣炮弹"才能不战而胜。

（3）不要威胁对方。

无论是妻子或丈夫，在觉得自己忍无可忍的情况下，很容易就会把"离婚"二字挂在嘴边，说着说着就真的离婚了。尤其是中年人，生活压力大，而且现实社会中的诱惑很多，脾气很容易就会暴躁起来。为了避免出现这种情况，任何一方都不能埋怨对方，尤其是不能把自己的错误归咎于对方。另外，夫妻如果和好了，应该约定一个月前的事情不准再提。"重新开始"才是最美好的。

（4）吵架要避开父母。

每个父母都是疼自己的子女多一点，所以你们当着父母的面吵得很凶时，父母往往会帮着自己的子女，而不是有理的那一方。如果事态严重的话，父母还会为自己的子女支招怎样斗倒对方。长期下去，这样的婚姻已经演变为争权斗争，残留的感情迟早会在这场拉锯战中消耗殆尽。夫妻争吵时最好避开长辈，也不要在父母面前埋怨对方。

不得不说，吵架也是一门艺术，会吵架的夫妻越吵越亲热，不懂得吵架底线的夫妻则会在斗嘴中两败俱伤，甚至最终选择离婚。两种完全不同的结果的区别就在于，夫妻双方在争吵的时候有没有越过吵架的底线。

首先，夫妻吵架最忌讳翻"陈年旧账"。大多数夫妻吵架是乱吵一通，吵着吵着就把那些陈年旧账翻出来，一一用口水过滤了一遍，老底揭穿，颜面尽失，干脆来个鱼死网破，把事端扩大，就这样，弄不好把婚姻都会给吵没了。夫妻争吵要集中在当前的问题上，就事论事，一旦发现对方有扩大事端的倾向，立刻叫停。

其次，吵架可以，但是一定要明白吵架的理由。生活也无非是围绕一些小事吵吵闹闹，但小问题背后往往潜伏着动机。比如女人通常不会直接开口请求男人满足她们的情感需求，而采取其他形式，如发脾气、吵架等。因此夫妻吵架之后要仔细想一想吵架的缘由，尽量不要吵莫名其妙的架。

再次，夫妻吵架不要争输赢。夫妻关系不能按一般的理智方法去解决。夫妻之间吵架是“角度”问题，不是“是非”问题，没有绝对的有理或无理，千万不要争输赢。否则夫妻双方全部都会“卡”在输赢的问题上，让这场架永远也吵不完，即使有一方做出让步，通常也会耿耿于怀。

并且，吵架一定要停留在嘴上，千万不要动手。“君子动口不动手”，这句话不仅对于我们的丈夫适用，对于我们女性来说也要遵循这条准则。否则，伤了筋动了骨，就是另一种状况了，更关键的是，一旦我们选择动手，一定会对丈夫的心理产生巨大的伤害，而有些伤害将会难以弥补。

此外，吵架要选好地方。吵架不当着父母、亲戚、邻居或朋友的面吵，在公共场所要给对方面子。家丑不外扬，有什么要吵的到被窝里去吵吧，有孩子的要记得把孩子送到别的房间去。夫妻间吵架本就是两个人的事情，没有必要闹得沸沸扬扬或是影响到周围的其他人，尽量减小吵架的影响面。

最后，吵架过后也要做好善后工作。争吵过后，好好反省，主动打破僵局，求得和解是夫妻争吵不可缺少的一环。不要想谁服软谁就伤了自尊之类的，夫妻本来就是相互依附的，没有必要较这个劲。而且作为女性，我们要明白并非每次吵架都要自己的丈夫来主动认错，有时率先做出让步反而会让丈夫体会到我们对他、对这个家的爱意。

作为职场女性，作为聪明的妻子，我们要进修吵架这门“艺术”，学会适度吵架，让吵架点缀我们的夫妻生活，让吵架增加我们与丈夫彼此的爱意。

5

多包容，少计较

有人说，男人就像是变色龙，恋爱时表现的 50% 是有水分的，而在婚后的婚姻生活中就会原形必露。在现实生活中确实不乏这样的男人，但是如果将这一问题完全归结于我们的老公，却也冤枉了他们。造成这种原因的另一种因素就是大多数女性对婚姻生活都充满了无限美好的幻想，但往往理想和现实会有一定的差距，此时我们并没有足够的理解和包容，反而去斤斤计较。

很多时候，摧毁婚姻的不是那些触犯原则的“大事”，往往一些不注意的细枝末节更具备杀伤力，或者经常忘洗袜子，或者经常忘倒烟灰缸，又或者经常开着电视睡觉。有些小事可能只是一个小习惯，然而我们却不能容忍。久而久之，婚姻就在厌恶和争执中损耗殆尽。

这可能听起来很可笑，婚前海枯石烂的誓言有时竟打不过一双角落里的臭袜子，可是事实就是这样。要知道，和一个人在一起生活不仅代表你要享受他的优点，更多的是要包容他的缺点，宽容他的一些小毛病。只有我们以一颗包容心去对待我们的丈夫，对待我们的婚姻，我们才能真正实现当年一起走到天荒地老的誓言。

婚姻比不得恋爱，恋爱可以花前月下，也可以不食人间烟火，而婚姻就是锅碗瓢盆，就是油盐酱醋茶。当然，所有结婚后的职场女性都会寄希望于自己能够拥有一生美满和幸福的婚姻生活。为此，许多人会花很长的时间甚至是一辈子的时间去努力尝试，去努力配合对方达成幸福生活的基本条件，去实现自己用心爱对方的承诺。

一个南方姑娘和一个北方大汉成了家，姑娘的口味清淡，大汉无辣不欢。

姑娘常去父母家蹭饭吃。一天，姑娘的父亲做的菜咸了些，母亲一声不响拿来水杯，夹了一筷子菜，将菜在清水里涮一下后再入口。忽然，姑娘从母亲细微的动作里领悟到了什么。

第二天，姑娘在家做了丈夫爱吃的菜。当然，每一个菜里都放辣椒。只是，她的面前多了一杯清水。大汉看着她津津有味地吃着清水里涮过的菜，眼睛里有轻微的湿润。

之后，大汉也争着做菜。但是菜里面已经找不到辣椒了。只是他的面前多了一碟辣酱。菜在辣酱里蘸一下，每一口，他都吃得心满意足。

为了爱，也为了自己，他们一个坚守着一碟辣酱，一个坚守着一杯清水。他们更懂得怎样坚守一份天长地久、细水长流的爱。

情至深则爱无言，爱不是形式，无须标榜。爱是绽放幸福的花朵，让每个懂得爱的人心中溢满爱的馨香；爱是摆渡真情的船桨，让每个有情的人不畏惧生命的漫长。当小小的一盘菜以爱为作料时，心怎会品尝不出幸福的味道。

其实我们每一个职场女性都能够做到这样，和我们的丈夫彼此包容，关键就在于我们的心态。调整好自己在婚姻中的心态，是我们能否学会包容的关键。

做成熟的女人，提醒自己永远别拿恋爱的眼光衡量现实的婚姻生活。理想很丰满，现实很骨感，恋爱很梦幻，而婚姻很实在。我们通常都是在跟对方的优点谈恋爱，而必须要跟对方的缺点生活在一起，因此，只有弄清楚恋爱跟婚姻根本就是两码事的夫妻，才有可能学会包容婚姻中出现的磕磕碰碰。

做聪明的女人，永远使用放大镜发现对方心地善良的人品。相恋的两个人走到一起是一种缘分，是一种天意，因此，不管是谁都要竭尽全力表现得让对方称心满意，即便偶尔出现不合你心意的表现也别特别在意，只有学会用放大镜发现对方优点，用缩小镜看不到对方缺点的夫妻，才能享受到美满的婚姻。

做有情调的女人，要在老公面前巧妙表现小女人的特质。过于强势的女人虽然从表现上看可以主导家庭的一切事务，但往往会隐藏着老公长期受到压抑需要排遣的风险，也有可能让我们忘记包容和理解老公的难处。因此，懂得包容的女人会让男人保护弱者的天性表达得淋漓尽致。

做善良的女人，永远都别说过头话或伤对方自尊的粗陋话。感情再和睦的夫妻也会有不开心甚至吵架的时候，因此，在头脑发热和吵架冲动的时候要提醒自己永远都别让那种伤人自尊或过头的话脱口而出，尤其别拿离婚来吓唬对方，只有这样我们才能够懂得用包容去解决问题。

男人虽然能够支撑家庭，但他必须要有女人的支撑，而能够支撑起男人的女人，一定具有非凡的包容心。当男人回到家里的时候，请你多给他一些包容，多做一些体贴的事，给他温情、自信和安全，让他脆弱的一面得到修复，使他异念的思绪暗自幡然。

就像远航的船只驶进了港湾，只有得到了及时的补充、保养和修复，才能够使它天天想着回到自己的港湾。

6

多体贴，少抱怨

每个人的婚姻生活都不可能一帆风顺，作为女性有些人总把自己“标榜”为婚姻中的弱者，总是诉说着自己对于婚姻的抱怨。作为女性，我们确实为婚姻付出了很多，也确实经历了一些不愉快，然而抱怨只能让婚姻向着更糟的境遇发展。

生活中常能听见有些女性在他人面前抱怨种种艰辛与不易，常能听见抱怨老公贪玩；抱怨老公自私自利，逢年过节只记得给自己的爹娘买东西发红包，却从不提给丈母娘、老丈人送礼物给红包。言谈间流露的是对自己当初选择的怀疑和对婚姻的失望。

当面对这一切时，如果我们选择抱怨，那么事情不会有任何改观。只有我们调整自己的心态，让自己停止抱怨而是选择理解，我们的丈夫一定能够感受到我们的体贴，也会在感激中反省自己的不足。豁达和体贴是婚姻女性最需要的素质，它们能够让任何一个男人为之着迷，为之感激，自然也就会对我们宠爱有加。

杜伊在婚后没多久，就发现她的男人身上有很多缺点，自私、小器、大男子主义等等。除了勤恳和不怕苦累外，似乎再也找不出半点可取之处。这让杜伊几近崩溃，她有点后悔自己在婚前没有多留一点时间去接触观察，没有深切地了解这个人就结婚。

事已至此，杜伊知道抱怨没用，摒弃不可取，自幼受母亲的熏陶，意识里只有嫁鸡随鸡。但杜伊的个性又极强，要让她接受这样的人、这样的生活也一样很难。常言说得好："一张床上不出两样的人！"杜伊知道，要么自己变成老公那样的人，要么就是改变老公，否则的话，就只能换来天天吵架，而夫妻不能相敬如宾、举案齐眉，却不是杜伊愿意要的日子。

杜伊没有像其他女人一样，每天抱着对男人的不满家里家外喋喋不休地指责埋怨。她要改变男人，但却又不曾表露过半点。这让人想起把青蛙放在温吞水里慢慢加热的故事。如果当初杜伊采取抱怨、喋喋不休的方式大张旗鼓地改造男人，也许她会是一个失败者。但她没有，她只是用自己的言行感动并影响着身边的男人。

她把公婆当作自己的父母来尊敬孝顺，把姑姐妹叔伯子当作自己的哥姐来尊重，把夫家的客人当作娘家的客人来款待。在她的字典里没有什么你家的亲戚、我家的亲戚之分，也没有对娘家的姐妹待如上宾，而对夫家的则冷面相向。在她的心里，她就是这个家的主人，凡进到这个家里的人都是她的客人，理应受到热切热情的款待。

杜伊的付出，每个人都看在眼里、记在心里。男人在杜伊的言行感化中也慢慢地改变着。杜伊就好比是个在海上航行的舵手，一点一滴地拖着男人亦步亦趋地往前走，一路披荆斩棘，一路填坑平凸。

杜伊和男人因为性格和习惯的问题，吵过闹过，和好过，也一样让杜伊崩溃过，但杜伊从不说"离婚"两字。她常说："女人如舵手，男人如航船，该走的路再怎么艰难，她也得走下去。"

杜伊从结婚开始，经过夫妻间三年的磨合期，又经过了七年之痒，如今的杜伊在婚姻家庭中"茁壮成长"，虽然有时会因为繁杂的事务焦头烂额，但她依旧一如既往地遇桥过桥，遇水涉水，义无反顾地向前走着。

我们每个人的心都是肉长的，更不要说我们为自己精挑细选的“另一半”。婚姻不同于恋爱，婚后的实际生活可能并没有我们想象的那样好，我们的丈夫可能也没有我们想象的那样优秀，然而面对这一切，抱怨是毫无意义的。只有我们学会包容，在生活中一点一滴感动自己的老公，才能够让婚姻逐渐走入良性循环，让两个人之间的默契也不断加深。

每对夫妻在生活中总会遇到各种各样的问题，这些问题需要我们用一颗坚毅的心去解决，在解决问题的时候，用你的包容去寻找办法远比抱怨来得好、来得巧，也来得更加有效。

在婚姻中，抱怨像一条绳索，慢慢地将自己勒紧。如果我们总是抱怨婚姻，抱怨自己的丈夫，那么我们最终换来的也只能是丈夫对我们的抱怨。日子在抱怨中度过，心境自然是灰暗的。

其实，夫妻之间所抱怨的事也并不是什么大不了的事，在日常生活中是经常发生的一些小事情，大家天天都会遇到。但明智的人会以包容置之，因为有些事是不可避免的，有些事是无力改变的，有些事是无法预测的。能补救的则在尽力补救，无法改变的也就坦然受之，再多的抱怨也于事无补。

真正的婚姻生活中不如意之事常常发生。我们不要把一些垃圾总堆在心里，把乌云总布在脸上，把牢骚总挂在嘴上。在婚姻中多一些体贴，少一些抱怨，能让我们成为一个懂得婚姻智慧的职场女性。

“应知天地宽，何处无风云。应知山水远，到处有不平”。与其抱怨，不如点亮心灯，用体贴去接纳一切，很多东西将在不经意间被我们改变，我们也终将能够得到婚姻的幸福。

7

多示弱，少好强

作为追求婚姻幸福的职场女性，我们可以没有美丽的容颜，可以没有显赫的地位，但是必须要懂得维系婚姻的智慧，懂得如何做一个一生幸福的女人。而这一切的关键就在于“少好强，会示弱”上。

有些人可能会问，在婚姻中我们作为女人如果总是示弱，那又如何获得幸福呢？其实不然，因为很大程度上，“弱”的本身就是一种威慑力。男人们会将强势女人视为“对手”，却无法不疼惜柔软温存的女人。爱示强的女人，总是怕别人觉得她柔弱，轻视她，所以她会把自己身上的刺都竖起来，就是和老公也要事事一争高下，一付不甘示弱的样子。结果如何呢？伤了他的同时，自己也伤痕累累，身心疲惫。

女人与老公争强好胜，赢了也是伤害，输了也是伤害。我们能与自己的丈夫“修得同船渡、共枕眠”是上天赐予的缘，茫茫人海中能相互偎依，能相互执手，应该是人生的幸事，又何必因为好强而毁了这一切。作为经历过各种风浪的职场女性，我们可能很难抑制自己的好胜心，然而我们争强好胜，处处逞强，赢了老公的面子，却可能最终伤了老公的心。

作为女性，只有我们在婚姻中学会示弱才能让自己真正强大，让自己的婚姻真正稳固。示弱不是懦弱，不是无原则的退让，不是胆小怕事，而是要学会发嗲，学会小鸟依人，让自己变得更有女人味，让他想疼你、护你，告诉他在某些方面我不行就是不行，我就耍赖了你要包容我。给他足够的自尊，给他一个展示自己的舞台。

作为职场女性我们不是真的软弱，而是只在自己的男人面前软弱。男人需要这种感觉，需要觉得自己是天、是地，是要给你保护的，不要摧残他的自信心和意志力，男人其实更脆弱，而你的独立和霸道会让他自卑。在婚姻中，学会示弱就找到了打开婚姻之门的第一把钥匙。千万别和自己男人过不去，搞经济独立，搞精神独立。要记住从你嫁给他那天起，你就不再是你，你是和他一体的人，在一条船上，承担风雨，享受彩虹。

霞是一个要强的女人，本身长得就高大，脾气也大，嗓门也大。与同事们相处，处处收敛，所以她的暴脾气并没有影响她的人际关系，同事们和她相处，只了解她善良的一面，通情达理的一面。

但是在家中，她截然是另一副面孔，任性，霸道，说话盛气凌人，总嫌自己的丈夫没本事，和丈夫闹一点别扭就能骂他个狗血喷头，不管谁对谁错，用她自己的话说就是：他要不跟我道歉，别想让我饶了他！我绝对不跟他低头！

丈夫忍了这么多年，真的忍不下去了，坚决要离婚。她这时慌了神，虽然平时言辞之间十分强硬，但多年的共同生活，她与丈夫之间还是有很深感情的，何况还有一个活泼的儿子。于是她为了自己婚姻的完整，向丈夫保证一定要改改自己的坏脾气。同事们对她丈夫也动之以情，晓之以理，奉劝他不要轻易说离婚。

她的丈夫对着同事明确表态，给她一个机会。

有些事坏就坏在自己不知道珍惜。一看丈夫不再提离婚，过了没多久，霞的脾气又回到从前，甚至对着外人也对丈夫破口大骂。

最终，年已不惑的她因为自己过于强势，失去了婚姻，也失去了家庭。

而红姐对待婚姻的态度和霞正好相反。她快人快语，得理不饶人，说话做事向来干脆利索。在单位一般人不敢招惹她，个别领导给她安排任务都是客客气气，怕她那张利嘴。但她在丈夫面前，却从不在口头上争胜。

她上学时就跟自己的丈夫相好，毕业后顺理成章结婚。从身份地位来说，她的丈夫就是一个地地道道的农民，而且老实巴交。每次单位义务劳动，她憨厚的丈夫就替她来干活。他木讷得很，来了之后只埋头干活，从不多说话。这样的丈夫无论在身份上或性格上，好像都不能和她划等号，而他们夫妻俩却生活得相当幸福。

红姐有什么秘诀让自己生活在幸福之中呢？

其实红姐虽然是一副“女强人”的面孔，然而却善于示弱。她在外面得理不饶人，但在丈夫面前，她懂得示弱。尤其是在外人面前，她从来不让他难堪，当着外人的面，从来不跟他争执，处处维护丈夫的尊严。

不肯向男人低头，拒绝男人的照顾，一定要跟男人分个高低等，这样做只会把自己的感情逼向死角，换来伤痕累累之外，也只得在暗夜里独自垂泪，婚姻也必遭弄出个溃不成军的败局。聪明的最高境界是大智若愚，而聪明女人的最高境界便是懂得适时展示你的柔弱。在婚姻之中，女人的示弱才是一种蚀骨的温柔，虽然看似绵软，但却充满了力量。

女人示弱，不是把自己当弱势群体，而是懂得给男人足够的面子，给男人足够的自信心，婚姻是需要示弱的，霸道与独立只会让男人渐渐对这段婚姻失去信心。女人对男人的依赖与体帖，会让男人更加爱你。对于我们每一个步入婚姻阶段的职场女性来说，温柔与撒娇永远比霸道与赌气更加能够征服丈夫的心。

8

不时制造亲密美好的“二人世界”

当我们与自己的爱人从恋爱最终走入了婚姻，我们会发现原来这是两种截然不同的生活。在婚姻生活中，我们彼此要顾及更多的事情。比如，我们需要照顾彼此的父母，需要养育自己的孩子，需要在事业上彼此鼓励，不断拼搏。于是乎，“二人世界”几乎成了婚姻生活的“奢侈品”，种种琐事让我们无暇享受。

然而，如果我们的婚姻失去了“二人世界”的甜蜜，很可能就会在时间的流逝中逐渐被消耗。当我们的婚姻最终沦为了琐事的奴隶，我们的爱意也将无法表达。因此，学会为我们自己，也为我们的丈夫制造亲密的“二人世界”，让我们再一次享受爱情的甜蜜，这是让我们的婚姻天长地久的秘诀。

婚姻是两个人爱情的结晶，因此它也不能够失去爱情的滋润。作为职场女性，我们常常因为工作、因为生活而忘却了甜蜜爱情对于婚姻的重要性。的确，婚姻需要现实条件作为基础，然而婚姻却也不能少了心中的爱意。不时给自己和丈夫一个过二人世界的机会，将工作丢在脑后，将孩子送去爸妈那里玩耍，将一切闲杂事务搁置一旁，我们会发现原来婚姻不管经历了多久，我们依旧能够让最初的那一抹激情“死灰复燃”。

“恋爱时，我们很少吵架，在一起的时光总是很甜蜜。他是我的初恋，直到结婚我都被巨大的幸福感包围着。”唐晓晓说。但是有了孩子后，她才体会到婚姻的不易。两年前，女儿小轩的出生打破了夫妻俩原有的生活模式。在有女儿之前，无论是工作还是闲暇时间，都会被两人安排得满满当当，十分充实。而女儿的忽然降临让他们有点不知所措，尤其是晓晓。慢慢地，她发火的次数越来越多，也经常因为睡眠不足埋怨丈夫没时间照顾孩子。夫妻二人的争吵越来越多。

吵归吵，夫妻俩还是深爱着女儿，而且把小轩照顾得很好，只是由于此前享受甜蜜爱情的幸福感突然消失，对于有些“小资”情调的晓晓来说着实难以接受。现在，小轩已经快两周岁了，和其他妈妈一样，晓晓把大部分精力都放在了孩子身上。

她的丈夫是一名律师，虽然工作繁忙，然而却也总想着在婚姻生活中增添一些“小情调”，在心里总是想找回过去的那一份浪漫。有时他会向晓晓提出一起外出吃烛光晚餐，一起享受一次旅行之类的建议，然而晓晓却以照顾孩子和家务太过繁忙而拒绝了。久而久之，她的丈夫感到婚姻生活越来越枯燥，逐渐变得不爱回家，也不愿意与她沟通。

婚姻如果失去了“二人世界”的甜蜜，也就失去了最美的点缀。也许我们确实有很多工作和家务事要处理，然而抽出一些时间去享受“二人世界”却也绝对能够做到。很多人之所以没有机会过“二人世界”，并非没有时间，而是对它还没有足够重视。

其实过“二人世界”并非难事，只要我们抓住一些不经意的小事，其实只需要花费很少的时间和精力，就能够享受这种婚姻的“奢侈品”。比如，清晨上班时一起出门，下班时一起回家；又比如晚上待孩子入睡一起在家看一部电影；还可以一起买一身情侣装在商场里逛街，在人群中来一个大大的拥抱。不要认为这些是谈恋爱时才会做的“幼稚”事情，婚姻有时恰恰需要这种“幼稚”来重新让爱焕发活力。

学会制造“二人世界”的机会，珍惜来之不易的甜蜜时间，给黯淡深藏的婚姻穿上一件时尚的外衣，让深埋内心的爱情华丽耀目。也许婚姻已经历经岁月的摧残，然而我们心中还有为爱流动的血液，我们还有为爱跳动的心脏。有时候只需要一点点甜蜜，就能够将爱情重新点燃，有时候我们的婚姻只需要“你和他”。

9

孝敬公婆，营造家庭和谐气氛

婆媳关系自古以来都是中国女性的一大心病，在很多人看来婆媳好像就是上辈子的“冤家”，彼此之间的关系更是“剪不断，理还乱”。对于造成婆媳紧张关系的原因众说纷纭，有人说是因为媳妇“抢走”了婆婆含辛茹苦养大的儿子，也有人说女人之间本来就容易心存芥蒂，婆媳也不例外。其实归根结底就是一个问题，婆媳彼此之间并没有把对方当作真正的亲人，才造就了婆媳之间这种“半亲不亲”的尴尬局面。

当我们与自己的丈夫组成了新的家庭时，我们实际上已经与丈夫成为了彼此不能分割的整体。既然如此，我们的父母也就是丈夫的父母，而我们也应当把公婆当作自己的父母来孝敬。有人说，自己碰到了“恶公婆”，怎么可能还去孝敬他们呢？他人的想法我们无力改变，然而我相信每一个人都是善良的，如果我们把公婆当作自己的父母，那么他们不可能不感动，也不可能不把我们当作闺女一样看待。

为了家庭和谐的气氛，也因为我们作为晚辈，理应首先迈出“和解”的一步，从自身做起，做到孝敬公婆如同孝敬自己的父母，我相信他们也一定会被我们的真诚和孝心所打动，我们也将迎来一个和睦的美好家庭。

衣着朴素，面容和善，笑容可掬……初见黄桂娥，她善良朴实的形象令人印象深刻。她开朗、幽默、健谈的个性，让人时时感受到真诚与热情。当谈到她被评选为田横镇卧龙村“好媳妇”时，59岁的黄桂娥却像个调皮的孩子，故作“神秘”地说，孝敬公婆是一个“承诺”……

“一次，我问丈夫当时为什么娶我，结果，他半开玩笑地说，你保证过孝敬公婆啊。”黄桂娥边说边爽朗地笑起来，“小时候，俺娘常教育我要尊敬老人、孝敬公婆，当时我拍着胸脯保证当个好媳妇。”

看来，孝敬公婆的“承诺”似乎是句“玩笑话”，但黄桂娥对公婆的孝顺确实在卧龙村传为佳话。“黄大姐是全村公认的好媳妇，孝敬公婆胜似亲闺女，尽心尽力伺候老人，俺们都很佩服她。”

“孝敬老人是我义不容辞的责任。”说起公婆，黄桂娥更多提到的是老人的付出和不易，“婆婆今年80多岁了，辛苦了一辈子，该享享福了。”2006年，黄桂娥的公公辞世。之后，婆婆不小心摔了腿，造成股骨头坏死，做过几次手术都不成功。

“公公过世后，我们想把婆婆接到家里，但老人不愿意，于是我们决定到老人屋里照顾她。”黄桂娥遵照婆婆的想法，搬到老人身边照顾她。天天换着花样给婆婆做可口的饭菜，一年四季置办新衣服，给婆婆捶背按摩、剪指甲，陪婆婆拉家常。公公突然辞世后，黄桂娥更加用心地侍候行动不便的婆婆，让老人过得顺心，安享晚年。

“我太高兴了，一晚上没睡着。”一天早上，黄桂娥和往常一样侍候婆婆起床吃饭，婆婆却拉着她的手不停念叨。原来，前一天黄桂娥带着婆婆洗了温泉浴，老人很高兴。“老人总能念着我的好，让我很感动。”说话间，黄桂娥眼眶有些湿润。

在一次闲聊中，婆婆提出想出去走走的想法。考虑到老人腿脚不便，黄桂娥并没有立即答应。一天，黄桂娥在电视上看到有人背着母亲游泰山，于是当即决定帮婆婆实现出游愿望。2012 年“五一”节期间，黄桂娥一家人带着婆婆游泰山，夫妻二人合力把老人抬上了泰山；国庆节期间，又陪老人游北京，背着老人登上长城看风景……

“俺娘天天念叨你是个好媳妇！待你比我还亲呢！”每次看到丈夫满脸的“嫉妒”，黄桂娥总是笑得合不拢嘴。

面对赞扬，黄桂娥总是腼腆地笑笑，然后说：“我保证过要孝敬公婆的。”其实，对她而言，孝敬公婆从来就不只是一个“承诺”。

可能我们中的许多人也曾经在与自己的丈夫结婚时许下过这样的“承诺”，然而又有多少人真正付诸行动了呢？孝顺公婆从来就不是一句口头上信誓旦旦的保证，它需要用实际行动去证明。而当你证明了这一切时，也同样会获得丰厚的回报，尤其是在你的心灵上。

首先，孝敬公婆，将心比心，公婆也会善待我们。当我们走入婚姻的那一刻起，公婆实际上就已经成为了我们的亲人。如果我们的亲人都不愿意善待我们，那么可想而知我们的婚姻将会多么波折。作为我们丈夫的父母，得到他们的善待和祝福是我们拥有一个幸福的婚姻、一个和谐家庭的重要因素。

其次，孝敬公婆，自己的父母也会得到善待。将心比心，如果我们能够善待自己的公婆，那么我们的丈夫一定也会为之感动，自然也就会孝顺我们的父母。有什么比自己的长辈得到孝顺更值得让人开心的呢？凡事都讲究因果循环，婚姻也是如此，我们种什么样的因就会得什么样的果，如果我们希望自己的父母也能被女婿善待，那么就请善待自己的公婆。

最后，孝敬公婆，也有利于夫妻的感情。俗话说家和万事兴，只有家庭和睦，夫妻两个人的心才会贴得更近。夫妻之间难免会有误解，如果当误解发生时，我们的公婆能够主动劝解自己的丈夫，我相信夫妻之间的不愉快会更快过去，有哪个儿子不相信自己父母说的话呢？

不过和公婆相处也不要奢望没有一点误会和不愉快，因为就是和自己父母还难免闹别扭呢。再说两代人难免会有观点和认识上的分歧，所以和公婆有误会的时候、伤心的时候，就多想着他们的好。只要自己有颗真诚善待公婆的心就一定会得到理解的。

尊老、爱老是子女应尽的义务和责任，因为每个人都有老的时候。公婆也是我们的长辈，我们的父母，当我们在婚礼的仪式上喊出那声“爸妈”的时候，我们就已经肩负起了对他们尽孝的责任。

10

智慧应对丈夫出轨，保护自己的婚姻

对于职场女性来说，婚姻可以说是除了工作之外另一个极其重要的组成部分，我们谁都不希望遇到丈夫出轨的情况，更不希望我们的婚姻走向终点，家庭走向破裂。

然而在现实中总是充满着种种诱惑，我们的丈夫也不是圣人，难免会在感情问题上犯了原则性错误。当我们遇到这样的情况时，我们肯定首先想到的就是保护自己的婚姻。大多数女人得知老公出轨后，第一反应都是头脑一片空白，愤怒、伤心、绝望、不甘心，甚至有同归于尽的想法。面对丈夫的“出轨”很多女人都表现得十分冲动，有些女性开始又哭又闹，甚至不惜与丈夫大打出手，或是找“小三”报复。然而这些鲁莽的行为只会进一步把你的“另一半”越推越远。面对出轨，我们必须要智慧应对，以最合理的方式来解决这一女人面临的难题。

这是一个幸福美满的家庭。男人温文尔雅、风度翩翩，是一家企业的老总；女人聪明漂亮、善解人意，是机关公务员。丈夫深爱着妻子，妻子也深爱着丈夫。

不料有一天，她却发现他有私情。那天，她去出差。在去车站的路上，突然想起一份重要的文件忘在家里，于是，她请出租车司机调转车头往回走。到了家门口，还没来得及下车，她看见他慌张地打开房门，把一个女人放进去，又朝四周观察一番，确认没人注意，才小心翼翼关上房门。那个女人她认识，是她的下属，住在她家对面那幢楼房。

照理说，她应当毫不犹豫地冲进屋内，当面戳穿他们的隐情。但是，这样一来，势必掀起轩然大波，不但会激怒那个女人，还会使他更加难堪，甚至把他推到离那个女人更近的位置。她不想这样。她深信，他只是一时糊涂，他仍然深爱着自己。

装聋作哑更不行，自己承受痛苦不说，还会使他越陷越深，不如给那个女人一个台阶，让她自己掐断这份私情。她果断地掏出手机，拨通家里的电话。“老公，我把文件忘在书桌上了，你把它找出来，我请小朱来拿。”小朱就是那个女人。不等他回答，她挂机又拨通了小朱的手机：“请你到我家里拿一份文件送给我，行吗？我在门口等你。”

不一会儿，女人出现了，满脸羞愧和尴尬。她接过文件，优雅一笑，说声：“谢谢。”然后命司机开车。

此刻，她再也忍不住心头的酸痛，任由涕泪滂沱。她想，要是这样也不能挽回丈夫的心，那她真该放弃这段感情了。

事实证明，她的做法是正确的，她完全可以为当初的理智而自豪。

多年过去了，他再也没有越雷池半步，他和她之间仿佛一切不快都不曾发生，他们依然幸福地生活在一起。

而那个女人在断绝与上司的往来后，不止一次对别人说："她是我见过的最聪慧的女人。对她，我除了崇敬，还有感激。"

一个智慧的选择挽救了一场婚姻和一个家庭，甚至让自己的"情敌"都心怀感激，这才是一个成熟女性在面对丈夫外遇时的最佳做法。当发现丈夫有出轨的情况时，我们一定要学会抑制自己的愤怒，确实我们应该恨那个破坏我们家庭的"小三儿"，然而她的境地其实与我们一样。在这场感情的闹剧中，没有人是受益者，我们都是"牺牲品"。然而如果我们学会理智应对，就能够让所有人以及我们的婚姻和家庭在这出闹剧中受到最小的损失。

首先，冷静是面对丈夫出轨时我们要做到的。怒会让一个人变得失去理智，继而失去思考能力，更会让自己做出一系列愚蠢的错误举动，这时候不要急着行动，先冷静了再说，找一个发泄的方式，把愤怒发出来，实在不行也可以去找有经验的心理咨询师倾诉，不要盲目找朋友支招，这时候错一步都可能全输。

其次，切记不要急着将一切错误归咎于自己的丈夫，要冷静分析丈夫出轨的原因。如果你可以做到这一点，你就成功了一半，分析一下你的婚姻到底哪里出了问题，从自身出发找找原因，分析一下他的心是否还是你的。大多数男人都不会真的想去离婚，只不过是找点刺激或是精神寄托，那么你就要考虑是不是平日里你太不注意营造生活情趣，两个人没有共同爱好缺乏沟通，所以他要去别的女人那里找寄托；如果你善解人意理解他，在他失落的时候能给他安慰，他还会找别的女人吗？分析了这些之后你可以做相应的改变。

再次，要明白宽容你的丈夫就等于善待自己。你想离婚吗？如果不想，那么你只能原谅，如果你原谅了却不能做到宽容，整天把这件事情放在嘴上，男人自尊心很强，你频繁地提起只会让他反感，而你如果想要让他彻底忘了，那么最好不要再提，你不提他反而会内疚。

另外，要学会利用“家”这个武器来保卫自己的婚姻。你的家够温馨、舒适和干净吗？每一次丈夫回来都有可口的饭菜、调好的洗澡水和他爱看的杂志吗？家能让男人休息，睡好，吃好，生病了有人照料，男人就像孩子，累了、饿了、困了总要回家的。让他放弃一个舒适的家，他会犹豫的。

最后，如果我们真的发现自己在保卫婚姻的这场战斗中已经毫无胜算，那么要有勇气选择结束。女人在面对丈夫的背叛时，最愚蠢的做法就是毫无底线的忍让。我们可以宽容，但是这种宽容是有限度的，对一段已经失去了爱的婚姻，我们更没必要委曲求全，耽误自己一生的幸福。

像是无法逃脱的桎梏，男人出轨似乎濒临“合理化”的边缘。因此对于每一个职业女性来说，我们都应该“居安思危”。我们可能是幸运的，我们的丈夫对我们忠心无比，对婚姻、对感情也始终如一。然而掌握如何应对丈夫出轨的智慧，能够保障我们的婚姻一旦发生意外，我们可以有所准备，有所作为。

要想在丈夫出轨的情况下打赢这场婚姻“保卫战”，就学会用智慧去应对吧，用智慧去赢回丈夫的心，用智慧去握住那即将流失的幸福。

第五章　学会平衡，全面掌控：优秀职业女性兼顾工作和家庭的智慧

优秀职业女性最懂得平衡的智慧。她不是“拼命三娘”，她不会为了事业忘记了家庭；她也不是市井愚妇，只懂得围着丈夫和锅台转。她有自己的思想，有自己对人生的了悟，既能做好工作，也会掌控生活，所以她的工作越来越优秀，家庭越来越和谐，人生也越来越幸福，越来越美满！

1

高效利用时间，把海绵中的“时间”挤出来

作为一名职业女性，我们可能都有过这样的感觉：工作上事务繁忙，而生活也不能抛下，总是觉得时间不够用，要是一天能有30个小时就好了。然而现实却是我们的一天只有24个小时，而如何在这24小时之内将工作和生活上的各种事情都做得井井有条，就成为了现代职场女性的重要课题。

说到时间不够用，很多人可能第一个想到的就是压缩时间，压缩睡觉的时间、压缩吃饭的时间、压缩休闲娱乐的时间等，把一切工作和家务事以外的时间都压缩到极致。然而这样做只能让我们的身体超负荷，让我们的精神承受重压。作为女性，一个良好的生活习惯和健康的心理是我们拥抱幸福、拥抱成功的关键。因此，牺牲健康而换来时间实际上只能是饮鸩止渴。

其实与其压缩出更多的时间去利用，学会管理有限的时间才是高效利用时间的正确方法。仔细想来，其实我们每天浪费的时间不计其数，有太多的时光在不经意间从我们的指缝中溜走。只有我们学会管理时间，将这些偷偷“跑掉”的时间化零为整并加以利用，我们才能真正在“无损耗”的情况下获得更充裕的时间。

李开复对于如何有效利用时间提出的一些建议：

（1）知道你的时间是如何花掉的。

挑一个星期，每天记录下每30分钟做的事情，然后做一个分类（例如：读书、准备GRE、和朋友聊天、社团活动等）和统计，看看自己什么方面花了太多的时间。凡事想要进步，必须先理清现状。每天结束后，把一整天做的事记下来，每15分钟为一个单位（例如：1：00—1：15等车，1：15—1：45搭车，1：45—2：45与朋友喝茶……）。在一周结束后，分析一下，这周你的时间如何可以更有效率地安排？有没有占太大比例的活动？有没有方法可以提高效率？

（2）使用时间碎片和“死时间”。

如果你做了上面的时间统计，你一定发现每天有很多时间流失掉了，例如等车、排队、走路、搭车等，可以用来背单词、打电话、温习功课等。现在随时随地都能上网，所以没有任何借口再发呆一次。我前一阵和同事一起出差，他们都很惊讶为什么我和他们整天在一起，但是我的电子邮件都可以及时回答？后来，他们发现，当他们在飞机上和汽车上聊天、读杂志和发呆的时候，我就把电子邮件全回了。重点是，无论自己忙还是不忙，你要把那些可以利用时间碎片做的事先准备好，到你有空闲的时候有计划地拿出来做。

（3）要事为先，每天一大早挑出最重要的三件事，当天一定要能够做完。

在工作和生活中每天都有干不完的事，唯一能够做的就是分清轻重缓急。要理解急事不等于重要的事情。每天除了办又急又重要的事情外，一定要注意不要成为急事的奴隶。有些急但是不重要的事情，你要学会放掉，要能对人说no！而且每天这三件事里最好有一件重要但是不急的，这样才能确保你没有成为急事的奴隶。

（4）运用二八法则。

人如果利用最高效的时间，只要20%的投入就能产生80%的效率。相对来说，如果使用最低效的时间，80%的时间投入只能产生20%效率。一天头脑最清楚的时候，应该放在最需要专心的工作上。与朋友、家人在一起的时间，相对来说，不需要头脑那么清楚。所以，我们要把握一天中20%的最高效时间（有些人是早晨，也有些人是下午和晚上；除了时间之外，还要看你的心态，血糖的高低，休息是否足够等综合考量），专门用于最困难的科目和最需要思考的学习上。许多人喜欢熬夜，但是晚睡会伤身，所以还是尽量早睡早起。

（5）平衡工作和家庭。

对于家庭的时间分配可以采用下列的原则：

划清界限、言出必行——对家人做出承诺后，而且一定要做到，但是希望其他时间得到谅解。制定较低的期望值以免造成失望。

忙中偷闲——不要一投入工作就忽视了家人，有时10分钟的体贴比10小时的陪伴更受用。

闲中偷忙——学会怎么利用时间碎片。例如：家人没起床的时候，你就可以利用这段空闲时间去做你需要的工作。

注重有质量的时间——时间不是每一分钟都是一样的，有时需要全神贯注，有时坐在旁边上网就可以了。要记得家人平时为你牺牲很多，度假、周末是你补偿的机会。

作为职场女性，我们的一生两个最大的财富：你的才华和你的时间。才华越来越多，但是时间越来越少，我们的一生可以说是用时间来换取才华。如果一天天过去了，我们的时间少了，而才华没有增加，那就是虚度了时光。所以，我们必须学会节省时间，有效率地使用时间。

有的职场女性会说自己“没有时间处理工作或生活上的一些事情”，

其实，换个说法就是“这些没有被排上优先级次序”。曾经有一个教学生做时间管理的老师，他上课时带来两个大玻璃缸和一堆大小不一的石头。他做了一个实验，在其中一个玻璃缸中先把小石、砂倒进去，最后大石头就放不下了。而另一个玻璃缸中先放大石头，其它小石和砂却可以慢慢渗入。他以此为比喻说：“时间管理就是要找到自己的优先级，若颠倒顺序，一堆琐事占满了时间，重要的事情就没有空位了。”

可见，只有我们学会管理时间的方法，才能够真正让我们的时间得到充分利用，就好像一块浸满水的海绵，只有我们学会挤它，才能让水流出来。其实这并不难，只需要我们在工作和生活中养成一些好习惯，制定一些好方法。

首先，至少花一星期时间真实地记录每天使用的时间，并对自己浪费时间的行为进行自我反省，找出自己浪费时间的关键所在。这样有助于自己制订下周的计划。每周都要制订出下周的工作计划。现在的好多企业都在使用此种方法，那么对于我们个人肯定也是有好处的，合理安排每一天，让自己不再那么紧张。也许有时候会发生意外的事情，那就根据自己的计划做出适当的调整，这样我们会发现自己的时间在增加。

其次，制订出高效做事的方法。比如说一次可以买完的东西，就没有必要买第二次，这样也是在剩下自己的时间。提前把下周的菜单列出来，不仅能节省自己的时间，同时也会注意合理安排家里的饮食。又比如自己花一上午的时间去逛街买回来的东西在网上或者是一个电话就可以买到的，那么我们就是在浪费时间。想去购物的时候顺手拿点要参加活动的东西，或者是店里的小册子，这样都可以给自己节省时间。

最后，当你需要全神贯注地做某些事情时，要尽量避免不必要的打扰。一个有经验的职场女性在做重要的事情时是绝对不会让自己受到任何干扰的。在此时我们可以关闭自己的网络，静音自己的手机，让自己心无旁骛，现代职业女性最容易受到网络和手机的影响，可以说它们是我们的“时间杀手”。在进行一些重要的事情时，我们应当先暂时忘掉其他事务，以免让自己的大脑受到干扰。我们并非有什么超乎常人的脑力，因此最好将精力集中在一件事情上，这样才能够把事情做好，避免从中出现差错而反复浪费时间。

在有限的时间里做更多的事情，达到更好的效果，这是时间管理的核心。只有我们学会高效利用时间，我们才能够拓宽自己生命的“宽度”，真正让自己成为工作、生活两不误的现代优秀职场女性。

2 做好计划，不论是工作还是家务都井井有条

对于职场女性来说，我们的工作和生活都十分忙碌。在工作中我们必须奋斗，为自己拼出一个美好的未来，在生活中我们更需勤劳，为自己打造一个幸福的家庭。我们可能感觉每天都有做不完的事情，在众多繁杂的事务中逐渐变得盲目，效率也日渐低下。有时我们可能会发现，自己忙了一整天却好像什么都没有做，每件事情都在干，却都干不完。

其实这并非我们做事的能力不足，也不是事情过于复杂，只是我们缺少一个完善的计划。就如同盖一座楼房，我们需要先有设计图纸然后才能施工。工作和家务亦是如此，只有我们先进行“设计”，建立一个完善的计划，才能够把家务和生活都做得井井有条，才能够让我们从“瞎忙”中得到解脱。

不论工作还是家务，做好计划都有着重要的意义。我们都知道每一个

人不管在做任何事时都应当有一个目标，然而仅仅有目标是不够的。目标就像灯塔，为我们指明前进的方向，然而却无法为我们照清前路。而计划则恰似一张地图，让我们得以在通往目标的道路上不至于迷失。如果说目标让我们在思想上确立了自己生活和工作的方向，那么计划就是在实际中让我们实现它的重要工具。

此外，做好计划能够让我们大幅减少时间的浪费。作为职场女性，我们的时间异常宝贵，没有浪费的余地。如果我们在工作和生活中缺少计划，那么我们在做事时就是盲目的，有很多时候都是在原地绕圈，甚至走“回头路”。只有我们学会做好计划，才能够让我们在工作和生活中更有效率，以用更短的时间完成更多的事情。

同时，在工作和生活中做好计划还能够避免犯错。俗话说好记性不如烂笔头，即使我们的记忆力再好，面对工作和生活中诸多琐碎的事情也难免出现疏忽，而这些疏忽很可能在我们不经意间就毁掉了我们所有的努力。因此，学会做好计划能够有助于弥补我们记忆力的不足，提醒我们在工作和生活中的每一个细节，正是这些细节往往决定了我们生活和工作的成败。

迈克尔是一个狂热的音乐爱好者，他一生最大的梦想就是成为音乐家。他找了一个名叫凡内芮的年轻人来合作。然而，面对那遥远而神秘的音乐界，他们一点都摸不到头绪，甚至都不知道方向在哪里。

1976 年的冬天，在一次闲聊中，凡内芮对迈克尔说：“你有没有想过我们 5 年后在做什么？你先仔细想想，完全想好后，确定了再告诉我。”

迈克尔沉思了几分钟后说：“5 年后，我希望在市场上能有一张唱片，而这是一张非常受欢迎的唱片，可以得到大家的喜爱和肯定。除此之外，我还要住在一个有音乐氛围的地方，每天与那些世界一流的音乐家一起工作，这就是我们的目标。”

凡内芮点点头，并据此开列了一个单子：如果第 5 年，有一张唱片在市场上；那么第4年就一定要跟一家唱片公司签上合约；第3年，一定是要有一个完整的作品，才可以拿给很多很多的唱片公司听；第2年，一定要有很棒的作品开始录音了；回归到第1年，就一定要把准备录音的作品全部编曲，并排练好；第5个月，就是要把那些没有完成的作品修饰好，供自己筛选；第1个月要做的，就是要把目前这几首曲子完工；而现在就是第1个星期，就要先列出一个清单，排出哪些曲子需要修改，哪些需要完工。

然后，凡内芮说："看吧，一个完整的计划已经有了，现在我们所要做的，就是按照这个计划去认真地准备每一步，一项一项地去完成，这样到了第5年，我们的目标就可以实现了！"

他们从此开始按照计划，有条不紊地朝自己的理想迈进。事实果真如此，到了1982年，恰好是在第5年时，迈克尔的唱片开始在北美畅销起来。从那以后，他每天都忙着与一些顶尖的音乐高手在一起工作。

正是由于制订了合理的计划，迈克尔最终划着由自己的计划编制的小船成功到达了人生成功的彼岸。我相信对于我们职场女性来说，我们每一个人都对计划有所了解，有所接触，然而真正将计划重视起来并付诸行动的人并不多，而这些并不多的人最终获得了事业和生活的双重胜利。

当然，在工作和家务事上制订计划并不像说说那样简单，在制订计划的过程中我们必须使用恰当、科学的方法。

首先，我们要克服自己懒惰的习惯，这是计划得以按章执行的保证。"拖延症"是现代职场女性的一大通病，而它只会让你的事情堆积成山。在我们制订好计划之后，应当立刻着手去做计划中按先后次序罗列的事情。想要真正让计划在实际中发挥效果，那么将它付诸行动是唯一的途径。

其次，在制订计划时要找到合适的做事规律。在我们的工作和生活中，事情肯定有轻重缓急之分。而有些事情彼此之间还会有重叠，如果安排好先后次序能够在做前一件事时，就为后一件打下基础。找到这些规律，回想曾经的经验，这是我们制订计划的可靠“资料”，能够让我们的计划更具科学性。

再次，习惯依赖自己的计划而非依赖他人的提醒。有时我们之所以难以养成做计划的习惯，正是由于我们身边总有人提醒我们该做什么。在工作中可能有我们的同事、上司，在我们遗漏了一些事情时善意地提醒；在家中可能有我们的父母、老公做我们的“提示牌”。然而，他人终归不能代替自己，只有我们不再依赖他人的提醒，转而学会自己制订计划提醒自己，我们才能够真正让生活和工作井井有条。

最后，千万不要怕花一点点时间理清自己要做的事情，这样做会帮你省下更多的时间。作为职场女性，我们总会有特别忙碌的时候，在这时我们可能倍感时间不够用，在制订计划时也就草草了事。然而这样做我们制订的计划就等于形同虚设，我们又会回归到那个做事没头没脑的自己。既然我们已经选择了用计划的方法来指导自己的工作和生活，那么就要对它的质量负起责任，这其实就等同于对我们自己负责。

很多人不习惯于在行动之前制订计划，而是随意地想做什么就做什么，抱着走一步算一步的想法。天长日久，也许生活会过得忙碌，却不一定过得充实。忙碌已经成为了行动的一种必要表现形式，至于效率、成绩、结果却从来不问。没有计划地做事，行动者就像无头苍蝇一样，乱撞一通，很容易被行动撵着走，永远脱离不了压力和繁忙，却最终一事无成。

做事情有计划，有目标，我们才有明确的方向，才会应对自如，如鱼得水。养成了做事有计划的习惯，时间就会在我们的掌控之下。“凡事预则立，不预则废”，这句话对每个女性职场人都是十分重要的，我们必须铭记于心。

3

懂得统筹的艺术，合理安排工作和生活

如果说我们上面所提到的计划是对具体事情的指导，照亮我们“脚下的路”，那么接下来我们要说的，就是教我们如何让我们步履轻盈地“走”这条路的方法，这就是统筹。

不管是在工作还是生活中，如果我们一开始就连走路都不会，那么再有效的做事方法也都无济于事。对于我们职场女性来说，只有懂得统筹的艺术，确保自己合理地安排了工作和生活的节奏，我们才能够真正走向成功的终点。就像走路一样，如果我们两条腿的步调是混乱的，那么我们只能摔倒。在人生中，也只有我们运用统筹的方法指挥工作和生活这两条“腿”，才能让我们在人生路中平稳地迈步前行。

统筹是指用系统的方法通观全局，从整体出发，始终着眼于全局与局部、整体与部分、系统与要素的相互作用，研究和把握实现整体目标效应的一种方法。简而言之，统筹全局就是统一筹划整个系统、驾驭整体的平衡发展，最终实现我们在工作和生活中的目标。

1943年，第二次世界大战正紧张地进行着。

望着门口等待验血的长长的征兵队伍，美军军医道夫曼不禁陷入了沉

思。看来这些小伙子都非常健康，可是要吸收他们入伍，就必须验血检查一次，以防止某种可怕的疾病被带入军队中。

每个人都要化验一次，这要花多少时间呢？本来这种病的发病率并不高——只有百分之一，这也太浪费时间了。能否减少化验次数呢？道夫曼想起那些重复性的化验操作：抽血，投入试剂，观察反应，如果是阴性就算通过；如果是阳性，则表明带有病毒，就这么简单。如果能够从宏观上统筹这些过程，也许能够将他们整合简化。

突然，一个念头闪过他的脑子：干吗不把一群人的血液都放在一起，集体化验一下？如果是阴性就一下子全部通过，如果是阳性，就分成几群再试。假定100个人中有1个患病的人，可把他们分为10群，每群10人，先每群集体化验一次，必有一群为阳性。然后再将这群人的血逐个化验一便，这样最多化验20次就够了。他的想法经过实际运用后，果然大大加快了验血速度。后来，他把这种方法称之为“群试”，这种方法后来成为了在大样本人群中排查疾病的最佳方法，一直沿用至今。

对于职业女性来说，我们的人生又何尝不是一场大型的“验血”工程？我们每天各种工作和生活上的事务就好像一个个等待化验的血液样本，如果我们逐一对它们进行检验，那么无疑将是一项浩大的工程。倘若我们能懂得统筹的艺术，就可以实现快速甄选，区分每件事情的性质，将生活和工作的事情进行归纳总结“合并同类项”，大大减少我们的负担。

当然，想要实现对工作和生活的统筹规划，我们需要掌握以下一些要点。

首先，树立大局观念、全局意识。全局是指整个的局面，是相对于局部而言的，是多个局部组成的。在全局与局部的关系中，全局高于局部，全局起着主要的、决定性的作用，它决定着事物的发展方向和趋势。如果我们想要树立全局观念，首先应当明确此时此地的全局是什么。在我们人生的不同阶段，由于客观条件不同，每一个时期的“全局”也就不同。倘若我们刚刚喜得贵子，那么照顾自己的身体和孩子就是此时的全局，而其他事情只是这一局面下的组成部分。此时我们就应当将工作、家务事放在其次的位置，而力争保证全局的稳定。

其次，明确全局的总体目标。只有制订明确的、科学的总体目标，才能唤醒组织的全局观念。制订和明确总体目标，要体现全局性，站在全局的高度，分析和把握组织整体的发展趋势，然后确定目标；要体现战略性，抓住带有根本性、决定性的重大问题，不要被枝节的事物所影响。制订目标不要仅仅局限于眼前，要着眼于未来。就好比我们努力工作是为了让家庭得到更大的幸福，然而眼下将全部身心投入到工作可能确实能够给我们带来丰厚的回报，然而却会让夫妻感情逐渐疏远。这时我们更应当将眼光放长远，了解我们全局的总体目标，权衡利弊，选择家庭与工作兼顾的折中办法。

最后，我们要学会抓住影响全局的主要问题。在统筹工作和生活的过程中，我们不能平均用力，要抓住重点、突出重点。某种意义上讲，抓住了重点也就抓住了全局，丢掉了重点也就失去了全局。就像下棋一样，在关键的时候“一着不慎，满盘皆输”。可以这样说，统筹的艺术就是抓住主要矛盾的艺术，只有学会了这一点，我们才能够真正将统筹的作用发挥到实处。

让我们每个职场女性都成为一个“统筹艺术家”，让我们在工作和生活之间尽情展现统筹的魅力，让它使我们的工作和生活和谐前进，让它带领我们走入充满成就与幸福的光明未来。

4

迅速完成角色转换，工作时不让家事打扰

也许工作对于我们职场女性来说已经司空见惯，并不会给我们带来多大的压力；也许生活对于我们也已经轻车熟路，面对它我们同样毫无压力。然而，现今职场女性确实面临着巨大的压力，这些压力其实来自于一个我们可能并不在意的细节——在工作和生活中如何很好地进行角色转换。

作为职业女性，身兼多职，集女儿、妻子、母亲、社会劳动者于一身。身份的多重性，要求职业女性必须适应角色的转换，但是，在多重角色的更换过程中，我们却面临着多方面的挑战。

一方面，女性天生是和家庭“捆绑”在一起的，担负生儿育女、哺育幼子的职责，被附加了许多家庭角色要求，无形中女性压力就被层层叠加。另一方面，女性渴望成就自己的事业。“双重角色”带来“双重压力”：男人只要职务升迁，事业有成，就会被认为是一个成功者；而职业女性在兼顾工作和生活的同时，还要接受传统的“贤妻良母”的家庭标准的考验。因此，社会对女性的“双重期待”构成了女性的“双重压力”，不公平的传统偏见和价值观念，使得职业女性长期处于双重角色的矛盾冲突之中。

其实，只要我们能够学会快速的角色转换方法，让我们的家事不会过分影响工作，其实完全可以在成为一名称职的“家庭主妇”的同时也不会只能望着职业的“天花板”唉声叹气。

由角色转换问题导致职业女性最常面临的三大危机：

身体的警报——健康危机：红苹果，放久了，里面就会悄悄变黑，可表面仍然光鲜。就如职业女性穿着时尚，举止优雅，身体却不断地透支，疾病隐患重重，这就是“红苹果现象”。不完全统计，各种妇科疾病发病率为65%以上，育龄妇科的发病率在70%以上。

心灵的呼唤——心理危机：在快节奏的现代社会，职场的竞争愈发激烈，工作紧张，随时可能离职失业，又随时面临家庭和婚姻的困惑。因此，职业女性经常感到疲劳、吃力、头昏脑涨，导致焦虑、抑郁、心理疲劳、快节奏综合征等“心病”频频高发。

战场的疲惫——职业倦怠：竞争与超负荷工作量，使职场变成了“战场”，不少人对自己的工作感到非常厌倦。职业女性受家庭限制，能将事业作为自己最高追求，却难以对自己的兴趣、能力、薪资期望和职业发展等进行全面分析。

可见，一旦我们不能实现快速的角色转换，让工作免受家务事的影响，那么无论是对我们的事业成功，还是对我们的身心健康都有着巨大的危害。因此，职业女性在面对生活与工作的角色转换时就要采取恰当的方式，迅速完成“变脸”。

一是讲究方法，争取支持。学会科学、合理地安排时间，忙而不乱。要相信同事或丈夫，不必事事非得自己动手不可，而是发动他们共同把事情做好。一个人的精力总是有限的，不管我们是多么优秀的女人，也需要身边人的帮助。

二是及时宣泄不良情绪。当感到巨大心理压力和出现悲伤、愤怒、怨恨等情绪时，要勇于在亲人、友人面前倾诉，做合理的宣泄，在他们的劝慰和开导下，不良情绪便会慢慢消失。当没有了不良情绪的阻碍，那么我们在角色转换的过程中就会更加顺畅。

三是全面安排，量力而行。以自己的精力、能力为限，把所有事情做一个全面安排，分清轻重缓急，可以暂缓的事放到以后去完成，同时正确客观地评估自己，提出适宜的期望值。有时我们在各种角色之间难以转换正是因为我们对自己的要求过于苛刻，给自己留下了太多难以解决的问题。学会量力而行，不管在生活还是工作中做事都不留“尾巴”，在转换角色的过程中我们自然就无后顾之忧。

四是生活有序，忙中偷闲。要保持有规律的生活，有张有弛，劳逸结合，尽量避免一次做过多事情。尽量挤时间与家人同享天伦之乐，或游园，或走亲访友，彻底放松自己。如果我们不希望让自己的工作受到生活中各种事情的影响，那么就要在平时把生活管理得井井有条，到了我们工作的时候，自然也就没有烦心事打搅。

职业女性身兼数职，往往让我们身心俱疲。然而，如果我们能在这些角色中转换得游刃有余，其实每种角色本身对于我们这些饱经历练的“女中豪杰”来说根本不算什么。

5

不当“工作狂”，分一半精力给家庭

在我们的身边不乏这样的女性，她们已经成功组建了幸福的家庭，然而当婚姻生活开始后，她们却感受到了前所未有的生活压力。一方面自己想要追求更好的生活条件，另一方面现实也在不断催促着我们去创造价值，由此就诞生了这样一种职场女性——“工作狂”。

那些“工作狂”们虽然可能有着自己的家庭，有一个体贴入微的丈夫，然而她们却还是一心全部投入到工作中，对于家庭和自己的生活总是不闻不问。不管有任何事情，她们都会以自己还有工作要做，自己还要奋斗为由推脱。久而久之，家不像家，丈夫孩子也是怨声载道。而这一切最终的结局，只能是家庭的破裂，婚姻的消亡。

作为女人，家庭永远是我们心灵的港湾。每一个女性身上都散发着母性的需要，因此对于职业女性来说，其实家庭与事业同等重要。在事业上如果我们经历失败，也许很快就能东山再起，然而家庭一旦失去，可能会让我们悔恨一生，毕竟每一个女人心里都会在乎自己的家庭，不管我们是否表现出来。

当我们在事业上的追求已经近乎“走火入魔”时，一定要让自己警醒，分一些时间给我们的家庭和丈夫，你会发现这不但没有影响你事业的发展，反而会让你获得更大的动力，更愉悦的身心。

一个成功的女人背后一定有一个成功的家庭。作为女性，我们比男性需要更多的感情慰藉，而家庭则是最好的来源。倘若我们的家庭关系紧张，那么难免也会让我们在工作中分心，怀着一种消极的情绪投入工作，当然也就不可能有所成就。而如果我们的家庭关系和睦，当我们在工作中拼搏时，丈夫、孩子和其他家人能给予我们充分的支持和鼓励，当我们身心疲惫时回到家中就能够得到各方面的安慰，那我们又怎么会不在事业上获得成功呢？

有些人可能会觉得“工作狂”其实是因为过于热爱自己的工作，这也算是获得成功的一种途径。但现实恰恰相反。“工作狂”与对工作有热诚者有本质上的分别。前者往往并不热爱自己的工作，一般很难从工作中得到快乐，而只是拼命地工作，以求某种心理解脱；此外，他们在工作中还常常强逼自己力臻完美，一旦出现问题或差错便羞愧难当、焦虑万分，却又将他人的援助拒之门外。

而后者则十分热爱自己的工作，从工作中能获得巨大乐趣，出现失误时既不怨天尤人，也不懊恼不已，相反却会聪明地修正目标或改正错误，同时也注意与同事和上司的协调、配合，人际关系相对融洽，自然比前者更能获得事业上的成功。

因此，当我们分一些时间给我们的家庭时，不但不会耽误自己的前程，反而能够让我们的职场道路更加平坦。作为职业女性，谁不想既能够维系好家庭的和睦，又在事业上有突飞猛进的成就呢？

首先，我们应该为自己规定明确的工作时间，保持固定的工作时间。例如，如果你的工作时间是朝八晚五，就一定要在五点以前离开办公室，不要待到很晚。如果感觉工作难以完成，我们应当从工作方法和时间利用率上找原因，而不是陷入盲目的“加班”当中。“工作狂”并不一定能够在工作中创造出多么惊人的业绩，这反而体现出这个人的个人能力不足。

其次，要分配固定的时间给朋友和家人，多参与朋友或家人组织的活动。如果你太过投入工作，就很有可能会牺牲与朋友、家人和伴侣相处的时间。做你热爱的工作固然重要，但是爱你的人也同样重要。考虑一下如何分配时间，还有什么才是你生命中最重要的。当你陪在家人、朋友和你的终身伴侣身边时，一定要真心实意，努力地全身心投入。例如，当你和朋友聊天时，请认真倾听，保持参与并适时提问。

再次，我们可以通过培养一种爱好来让自己远离“工作狂”的状态。如果我们每天只有工作一件事情，那么难免会将自己完全“扎”在里面。我们可以给自己培养一些爱好，最好是跟你每天工作无关的爱好。先集思广益，再逐个攻破。例如，你可以从跑步、散步、编织、读小说或者写作开始。爱好应该是那些能给你带来欢乐，使你沉迷其中，让你能找寻到真实自己的东西。

对职场女性来说，我们崇尚工作至上的职场文化，然而也千万不能忘记身后那个供我们休息的“港湾”。当我们在工作中拼搏了一天之后，留一些时间来建设家庭这个心灵的“庇护所”，我们一定能够在收获成功的同时收获一个幸福美满的家。

6

周末不加班，给全家做一顿丰盛的大餐

每当我们已经从周一工作到了周五时，周末在我们心中就仿佛“救星”一样，让我们从百忙之中得以陪伴家人。然而有些时候，就连这仅有的“可乘之机”都被我们用来加班以实现事业上的所谓“成功”。作为现代职场女性，我们可不要把自己打造成职场“大禹”，以“三过家门而不入”的大无畏精神彻底葬送了我们屈指可数的与家人共享亲情的机会。

我们之所以有周末的休息时间，正是由于从无数的历史经验中分析出大部分职场人需要得到一定的休息，周末既然存在那么就一定有它存在的道理。倘若我们总是亲手将自己的周末“埋葬”，那么久而久之只会产生不良的影响。

既然我们已经知道了作为职业女性我们必须要做到事业家庭“两手抓”，那么就千万不要再牺牲这宝贵的与家人增进感情的机会。对于如今大部分的职场女性来说，一周五天工作日的忙碌让我们疲惫不堪，想要做一顿丰盛的大餐却也有心无力，那么不妨利用周末的时间来为自己的全家准备一桌“饕餮盛宴”，既能够让我们暂时忘掉工作得到心灵的放松，又能够增进家庭成员彼此的感情。

也许有的女性朋友可能会说："我从来没有做过饭呀，虽然这些简单，但是也很难一时熟练掌握。"其实即便如此，我们依旧可以选择其他的方法来准备好这顿丰盛的家庭大餐。世上无难事只怕有心人，只要我们有心去这样做，那么就一定能够找到办法。比如，我们可以携全家一起去进行野外烧烤，可以直接买提前腌制过的烧烤原料，这比做菜的难度可是低了不少。又或者我们可以从超市买来一些半成品的食物，这样只需要稍做加工，哪怕是用微波炉都能够得到美味的菜肴。

虽然我们是职业女性，但是也不要让自己一周七天全部想着工作。不要总是牺牲与家人亲近的机会去选择加班，有时也该让自己回归一下"家庭主妇"的女人本色。说不定我们还就此练就了做得一手好菜的本领，彻底"拴住"丈夫的胃，切记："要想拴住一个男人的心，就要拴住他的胃。"

其实做饭本身并非目的，它只是一种让我们职场女性暂时从工作中解脱出来，能够全身心陪伴家人的方式。不要小看这周末的一顿大餐，也许它不仅能够让我们"拴住"自己的丈夫，还能让我们"拴住"所有家庭成员的心。

7

学会偷懒，家中偶尔零乱也没关系

我们是职场女性，在职场中打扮得光鲜亮丽，自然也不允许自己的家里藏污纳垢，于是我们会将家里打扫得一尘不染。我们在工作中一丝不苟，于是不允许家里出现任何的凌乱，每一件东西都要摆放得整整齐齐。于是我们发现自己有忙不完的家务，每天好不容易从工作中解脱，又深陷家务的“泥潭”。

这种家务“强迫症”在很多女性职场人身上都得到了充分的体现，它是造成职场女性压力过大的“元凶”之一，并且这种“强迫症”往往波及到家人。当我们自己力不从心时，就会用同样的标准要求家人帮助自己完成家务，无形中增加了他们的负担。

其实对于家务事来说，有时我们不妨偷偷懒，家中偶尔凌乱，反而更有生活的气息，也让自己摆脱了过重的压力。不要追求成为所谓的“完美主妇”，这样只会让自己徒增压力，给家人增添负担。

有的人可能会说，一个好妻子一定会把家里打扫得光彩照人，这样才能增加幸福感，其实不然。有些女性热衷于收拾房间，一旦发现桌面上的灰尘、堆积的杂物、浴室地面上的头发以及厨房柜台上的水渍就要立即清理；不喜欢湿嗒嗒团成一团的毛巾，必须洗干净平整地挂好；受不了脏兮兮有烟蒂的烟灰缸，每次倒掉之后都要彻底清洁；不喜欢随便乱丢东西，用过的物品必须马上归位；喝过可乐和橙汁的杯子立即清洗，每周清理冰箱，植物定期修剪，衣柜里的衣服叠放整齐，橱柜里的东西也有条理。然而她们的生活每天除了与无尽的家务事作伴外，并不一定能感受到多少幸福。

而有的人家，如同战后没来得及重建的战场，处于半毁灭状态；厨房柜台布满油污，地板斑驳，客厅沙发正对面就摆着垃圾桶，而瓜子壳和废纸都在四周，茶几上堆满各种零食却找不到一只能喝水的杯子，难得找到一个，却发现里面赫然躺着烟蒂……就是这样一个让人崩溃的家，却也有很多可感受到的温馨，甚至不少人认为这才有家的感觉。并且这样的女性由于摆脱了家务的烦恼，往往更加积极乐观，更有时间与家人增进感情。

生活的幸福并不仅仅来源于外表光鲜的住所，而丰富自己与爱人彼此心灵的住所才是关键。有时不妨学会偷懒，改掉自己的家务“强迫症”，在偶尔凌乱的房间里多与自己的亲人进行感情交流，打扫好我们的“心房”，也能体验到“凌乱”生活中的一番别样风味。

8 保持快乐的心情，别把工作的烦恼带到家中

每一个职场女性可能都能深刻地体会到，在职场中没有谁能够风调雨顺，工作上总是有那么多不如意的事情。有时我们可能在工作时遇到难以解决的困难，或是在上司那里受了冤枉气。于是我们怀着低落的心情回到家中，或是开始抱怨，或是无端地发脾气。然而最后发现，除了把这一股不良的“怨气”带到了家中，让家庭气氛变得紧张，并没有其他任何收获。

人生在世不如意十有八九，如果只是因为工作中的不顺利就变得情绪低落，把烦恼全部带回家中，那么最终的结果只能使本来能让我们获得一份快乐的家庭也充满阴霾。抱怨和消极解决不了任何问题，第二天回到工作当中那些问题依旧会在那里。所以，最明智的选择就是不要把工作中的烦恼带到家中，家是我们休憩的安乐窝，让我们把烦恼留在门外，还我们的家庭一份温暖与幸福。

美国一个农场的主人，雇用了一个技工师傅来安装农舍的水管。技工开工头一天，先是因车的轮胎爆裂，耽误了一个小时。再就是电钻坏了。最后呢，连他开来的那辆载重一吨的老爷车也抛锚了。他收工后，无法回家。

雇主只好开车把他送回家去。

到家后，技工邀请雇主进去坐坐。在门口，这位满脸晦气的技工没有马上进去。只见他闭目养神了一阵子，再伸出双手，抚摸着门旁一棵小树的树枝。

待到门打开，技工一下子好像换了张面孔，笑逐颜开，和两个孩子紧紧拥抱，再给迎上来的妻子一个深情的吻。在家里，技工喜气洋洋地招待这位雇主新朋友。

雇主离开时，技工陪他向车子走去。雇主按捺不住好奇心，问："刚才你在门口做的动作，有什么用意吗？"技工爽快地回答："有，这是我的烦恼树。我到外头工作，不顺心的事总是有的。可是烦恼不能带进门，这里头有太太和孩子嘛。我就把烦恼暂时挂在树上，明天出门时再拿走。奇怪的是，第二天我到小树前面时，烦恼大多都不见了。"

将工作的烦恼留在家门之外，这是我们每一个职业女性都应该学会的生活智慧。其实工作中的许多烦恼，都与心情或情绪有关，因而是有时间性的。待心情平静下来以后，烦恼可能就消失了。所以我们不妨在家中只去享受那些幸福与快乐的时光，将工作的烦恼抛在脑后，当我们重新面对这些问题时，你就会发现，原来这根本就不是问题。

当然，要想能够控制自己的情绪，在进入家门的时候立刻恢复那个快乐的自己，我们还需要采用一些小的心理技巧。

第一，要给不良情绪一个缓冲的时间。我们都是普普通通的职场女性，没有谁是控制自己情绪的"大师"，因此要学会给情绪一个缓冲的时间。当工作给我们带来了诸多的烦恼时，不妨选择在离开工作之后晚一点回家，与朋友散散心，或是找一个安静的地方放松一下自己。

第二，要找到让自己的内心重整旗鼓的理由。当我们情绪低落时，我们需要为自己制造一个"刺激"来激励自己的情绪。我们不妨想想老公在外打拼的辛苦，想想我们孩子的天真可爱，想想我们在恋爱时的那一段甜蜜，想想等待着我们的美好明天。很快你就会发现自己从低落的情绪中摆脱了出来，依旧以一副笑容迎接为你开门的家人。

第三，学会自省，要意识到自己的痛苦要自己承担。不管我们在工作中遇到了多么不顺心的事情，家人都不应该代你受过。把自己的委屈和愤怒转嫁到亲人身上，只会让生活更糟。如果不想自己的家庭出现裂痕，就要学会自省，把自己的遭遇暂时埋在心里，待心情平复之后，再找合适的时机与家人倾诉。这样我们就能够抛开剧烈情绪的影响，让这些烦心事在心中“冷却”一下再释放出来，这样不但能够缓解自己内心的压力，也能够让家人不至于被它祸害。

有人说家庭好比是一个“感情银行”，你把欢乐“存”进去，收获的是带利息的快乐；你把烦恼“存”进去，回报也自然是更多的烦恼。因此，带快乐回家，家里就会充满欢乐、一团和气。

把快乐带回家，对家人是非常重要的。如果你在外面受了委屈，回家把一肚子怨气都发在家人身上，就会把家人也弄得很狼狈。因此，把烦恼留在外面，对家人而言是绝对必要的。当你坐下来，好好地和家人谈谈心里的想法时，家人才知道你的想法，也才能帮你整理思绪、稳定情绪。

在回家之前，最好抛开所有的烦恼，带着快乐进家门，因为你的快乐往往也影响着全家人的快乐。

第六章　精心呵护，全心关爱：优秀职业女性当个好妈妈的智慧

既能做好工作，也能管好家庭，更能育好孩子，这就是优秀职业女性的高明之处。她们对孩子，既精心呵护，全心关爱，懂得尊重，科学育养；也懂得珍惜和孩子在一起的每一分每一秒，懂得如何给孩子最好的关爱，最好的环境，最好的营养。她们不仅是职场的精英，也是称职的妈妈。

1

用心为孩子打造一个健康快乐的家庭氛围

教育孩子是每个家长不可推卸的责任，同时也是一门博大精深的艺术。我国古代就不乏教育子女的佳话美谈，像“孟母三迁”“岳母刺字”“曾参教子”等，至今家喻户晓。不难想见，伟大的思想家孟子、民族英雄岳飞等之所以能光耀千秋，离不开家教甘露的滋养。而在对孩子的家庭教育中，家庭氛围起着至关重要的作用。

家不但是我们灵魂休憩的港湾，更是孩子的心灵栖息地，倘若我们已经为人父母，就请为孩子打造一个健康快乐的家庭氛围，让孩子的内心保持难得的那一抹纯净，以让孩子健康而又茁壮地成长。小孩就是一张白纸，我们把什么样的颜料涂抹在上面，他就是什么样子。试想，如果我们的家庭和睦，在家中充满了温馨与爱，那么我们的孩子也会感受到，并学着我们的样子接受那些积极的心理。而倘若我们的家乌烟瘴气，总是充斥着争吵和埋怨，那我们的孩子又怎能不形成消极的态度？

作为职场女性，我们可能已经为孩子打拼出了一个优越的家庭条件，然而整天忙碌着为自己的孩子“挣”出一个未来的我们却可能忽视了对于家庭氛围的调节，这也就是为什么如今有很多生活优裕却精神匮乏的所谓“富二代”。其实对于孩子来说，拥有良好的生活条件只是让他快乐成长的一方面，更重要的是这个家庭给予他的爱以及传授给他的成长的道理，这才是真正为我们孩子开创美好未来的关键。

张某是一名8岁的小学二年级学生。张某在学校上课不认真，经常做小动作，不听老师的话，甚至会欺负同学。无论父母怎么说，张某都没有任何改变。他在老师、同学乃至自己父母的眼中就是一个不折不扣的“坏孩子”。

然而实际上却并非如此，虽然只有小学二年级，张某也有着自己的烦恼。张某说上课时总是控制不住地想些乱七八糟的事情，想要控制，但是每次都失败，去跟父母说时，被爸爸妈妈说成是他自己的心散，只要求他再努力；回家想写作业，但是爸爸妈妈总坐在旁边像看犯人一样看他，无论他做什么，总在旁边说教；并且父母感情不好，经常吵架甚至动手，每次都让他非常害怕，因此他根本不愿意待在家里。渐渐地，这些烦恼不知道该跟谁说，他的脾气越来越坏。

他从来没有体会到家庭给予他的温暖和父母给予他的关爱，有的只是父母的责备。在他的心中，这个“家”根本就没有存在过。

子不教，父之过。如果我们发现自己的孩子正在走上一条危险的道路，我们应该有的不是对孩子的埋怨，更不是打骂，而是应该从自身寻找原因，从家庭寻找原因，问问自己是否给了孩子一个健康积极的家庭环境。

作为孩子，他的心智尚不健全，很大程度上依赖作为父母的我们和自己从家庭接收到的各方面的信息。正是这种依赖让我们的孩子对我们深信不疑，因此只有我们创造一个良好的家庭氛围，才能让孩子认为这个世界是美好的。男人在教育孩子和建设家庭方面往往没有什么天赋，很多时候作为女性，我们理应肩负起打造健康家庭氛围的责任，让我们的孩子在家庭的“沃土”中更快、更好地成长。

首先，作为母亲，我们每一个职场女性都应当做好孩子终身学习的榜样。常言道“身教重于言教”，要想创建和谐的家庭氛围，最重要的就在于我们要起到带头作用。就好比如果我们在业余时间不断学习，不断给自己“充电”，对孩子来说是一种无声的教育，这要比不断叮嘱孩子“你要好好学习”，而自己却看电视、打麻将好得多。家庭虽然没有讲台和黑板，却是一所学校，一所爱的学校、终身学习的学校。生活中，我们往往认为孩子的学习应该在学校中完成，却忽略了平时的家庭教育。如果我们平时少看一会电视，少一次应酬，少玩一次牌，多读一点书，多与孩子进行交流，给孩子传达正面的信息，那么这种情境教育会潜移默化地影响孩子，让他受益终生。

其次，要与孩子建立良好的沟通和交流。

一位初中的孩子这样说自己的妈妈：

“我现在都不想理我妈妈了，我一出房门她就问我不学习干什么去？我觉得爸爸妈妈喜欢的不是我，而是分数。我和分数紧密相连。我不喜欢这样，即使我考倒数第一也是你们的孩子。我曾经问妈妈：‘你到底跟我亲还是跟分数亲？’妈妈毫不犹豫地说：‘当然跟分数亲啦。你考试分数高，妈妈有面子。’妈妈这句话极大地伤害了我。”

作为孩子的母亲，我们可能认为自己拥有更丰富的人生阅历，于是当我们与孩子的意见不一致时，往往会认为自己才是对的而忽略了孩子的感受，武断地为他一步步进行规划，却忽略了孩子的心声。在一个家庭中，父母与孩子之间如果能有平等、坦诚的交流与互动，会让孩子有更多的家庭归属感、安全感和幸福感，也会让孩子从中学到如何在家庭之外更合理地待人接物。因此，良好的交流氛围对孩子来讲至关重要，必将深刻影响孩子与他人、与社会的融合程度及应对态度。

最后，在孩子面前，我们一定要保持和谐的家庭关系。夫妻之间吵架这在所难免，然而当我们有了自己的孩子，请别当着孩子的面与自己的丈夫吵架。孩子对于很多事情并没有全面的认识和判断，对于吵架孩子只会单纯地从中看到那些消极的东西。从发展心理学的角度来看，父母的频繁吵架会成为孩子“早期经历”中影响巨大的消极体验，甚至有可能让孩子一辈子都背负着难以释怀的痛苦，这样的孩子当然无法获得健全的心智成长。我们与丈夫欢声笑语，我们的孩子自然也就喜笑颜开。如果我们总是在家中板着一张脸，那孩子自然也不会感受到快乐。

一言以蔽之，家庭为孩子的成长提供了重要的养分，为了我们深爱的孩子，为了社会的未来，让我们职场女性行动起来，为孩子创造一个积极和谐的家庭氛围，让孩子在快乐的滋润下不断成长。

2

再忙也要坚持三个月以上的母乳喂养

如果我们经常去超市购物就不难发现，在婴儿食品区充斥着琳琅满目的各种奶粉，每一种上面都不停“吹嘘”着对孩子有怎样的好处，于是我们信以为真。当我们的孩子出世之后，我们坚信奶粉也能够给孩子带来同样的营养，于是我们放弃了更“麻烦”、更耗时的母乳喂养，自以为能从哺育孩子的琐事中解脱出来，然而实际却给孩子的成长积累了更多的不利因素。

作为职场女性，我们在生育之后可能会想尽快重新投入到工作当中，不想由于生了孩子丢掉了事业。然而，从我们放弃母乳喂养的那一刻起，我们的孩子其实就“输在了起跑线上”，奶粉永远无法代替母亲的乳汁，即使是那些昂贵的进口产品亦是如此。研究表明，当孩子出生之后，母亲至少应该坚持三个月以上的母乳喂养，才能为孩子的健康发展打下良好的基础。因此，作为孩子的母亲，请在这三个月里稍微放下你那“重于一切”的职业前途，请稍微耽搁一下你那些“不容耽误”的工作，抽出一些时间和精力亲自哺育我们的孩子，毕竟他才是我们作为母亲的生命的延续。

作为母亲，我们每一个职场女性从心底都非常爱自己的孩子，有时我们放弃了母乳喂养并非我们没有这样的意愿，而是我们还不了解母乳喂养的巨大好处。

首先，母乳的营养成分较完备，各种成分的配合比较适当，达到婴儿的需要，尤其对6个月以内的婴儿更为适合。以牛奶和母乳比较，牛奶中蛋白质的含量比母乳高2倍，但母乳中含的多半是容易消化的乳白蛋白，牛奶中多半是能在婴儿胃里凝成块的不易消化的酪蛋白。牛奶中的乳糖含量比母乳少1/3，而且属于甲型乳糖，有促进大肠杆菌生长的作用，容易引起婴儿腹泻。牛奶中含脂肪量与母乳相似，但其脂肪球较大，容易引起消化不良。牛奶中矿物质的含量比母乳的含量多，但正常婴儿体内矿物质储存较多，母乳已能满足需要。虽然维生素的含量牛奶多于母乳，但牛奶在煮沸消毒后，维生素C已有不少被破坏，而母乳内含的维生素不易被破坏。母乳还含有能促进脑组织发育的脂肪酸和各类专用霉，有利于营养物质的消化。

南京儿童保健研究所对单用母乳喂养、混合喂养（母乳不足加代乳品）和人工喂养三组婴儿进行比较，母乳喂养组婴儿身高的增长比其他两组明显，患佝偻病及营养不良性贫血者则明显少于其他两组。

其次，母乳的成分能随着发育的需要相应地发生变化。产后1至2天内分泌的乳汁叫初乳，色黄质稀，含有较多的蛋白质和固体成分，还有轻泻作用，有利于新生儿排出胎粪。随着新生儿生长和发育，母乳逐渐变浓，量也增多，到6个月左右达到最高峰，以满足婴儿需要，这是任何其他乳类所不及的，这也是它独具的特殊优点。

另外，母乳含有多量抗体。新生儿能从母乳中获得免疫体，婴儿在6个月内很少得麻疹、小儿麻痹、腮腺炎等传染病。曾观察到母乳喂养的新生儿在胃肠道、呼吸道和耳部的感染抵抗力比喂牛奶的要强些。国外有人统计，在因病死亡的婴儿中，母乳喂养的只占七分之一，这与母乳中含有多种类型的抗体，能帮助婴儿抵抗多种疾病有关，这种抗体是其他乳品和代用品所没有的。

并且，在产后哺乳，还可能帮助产妇的子宫收缩，使子宫早日恢复正常。母亲用自己的乳汁喂婴儿，可密切母子感情，可使小儿获得更多的母爱，也有利于婴儿早期的智力发育，还可帮助尽快减去怀孕期所增加的体重，恢复到正常状态。自己哺育婴儿还能减少一些经济开支。凡是在分娩后有奶的健康母亲，最好尽量自己哺育婴儿，这不仅对于我们的孩子，对于我们自己也有着非常大的好处。

最后，还要说的一点就是，母乳喂养更有助于我们增进自己与孩子之间的感情。千万不要以为刚出生的婴儿什么都不懂，其实他们已经具备了感受情感的能力。也就是说，虽然他们不会表达，然而在心里他们确实能够体验到母爱。所有人类都有一种被称为“口唇依赖”的心理，这是一种本能，通过吸吮母亲的乳汁得到满足。而如果这种“口唇依赖”在婴儿时期如果没有得到满足，那么在成年之后就会以其他代替方式来“填补”。作为母亲，如果我们不想让自己的孩子在长大后终生与香烟、口香糖、棒棒糖为伴，就请不要用冰冷的奶瓶代替自己温暖的乳房。

对于每一个职场女性来说，作为母亲亲自用乳汁哺育自己的孩子都是我们人生中最幸福的一种体验，更是为我们自己和孩子的身体健康打下坚实基础的重要手段。让我们回归最原始的母性“本能”，哪怕只有3个月，让孩子在我们的乳汁滋养下更加茁壮地成长。

3个月的时间对于我们的事业来说只是白驹过隙，可能并不能决定我们在职场中的成败；3个月对于我们的生活来说更是一眨眼的功夫，并不会让我们筋疲力尽。然而3个月有时就足以决定孩子的一生，孰重孰轻我们每个人心中一目了然。

3

上班前亲亲，下班后抱抱

作为职场女性，我们都在忙碌奔波，巨大的工作压力往往让我们身心俱疲，难以得到充分的休息。有时我们早晨一睁眼才发现自己已经濒临迟到，于是匆匆奔往单位；有时我们拖着忙碌一天的身躯回到家中，一头扑倒在舒适的大床上“一蹶不振”；有时我们为了一顿可口的晚饭，从一回到家便开始“扎根”在厨房之中；然而，我们是否忘记了背后那小小的身影，忘记了他在渴望得到我们的关怀。

当我们这些职场女性成为了一名母亲，我们的生活就不再仅仅是那些工作，那些家务，孩子才应该是我们生活的中心。对于小孩来说，其实他们想要得到的并不多，他们最需要的就是母亲的爱，比如一个拥抱或是一个亲吻就足以让他满足。

不要认为上班前的一个亲吻，下班后的一个拥抱无足轻重，这些行为的意义并不在于其本身，而是向孩子传达了这样的信息：在妈妈心中你是十分重要的，从来就没有丧失地位，妈妈对你的爱永远胜于一切。这种母爱是孩子身心健康成长的重要因素，不要让我们的孩子缺失母爱，不要让我们的孩子感觉备受冷落。

经常亲吻和拥抱孩子的四大好处：

（1）对宝宝的大脑发育具有重要作用。

大人搂抱、触摸宝宝，与宝宝身体亲密接触，对其大脑发育有着重要意义。每当你抱起宝宝，轻柔地触摸他的身体，亲亲他胖嘟嘟的小脸蛋、摸一摸他的小脑袋、捏一捏他可爱的小脚丫，这些都是在“抚触”他的心灵。你每一次抚触，宝宝的大脑就接受了一次良性的刺激，而这些刺激能促进宝宝智能的发展。

（2）让宝宝感觉到安全。

温柔的拥抱和抚触能让烦躁中的宝贝安静下来，减缓压力。宝宝只有在平静时才有探究环境的兴趣，才能把周围一切事物当作探索的对象，在探究中学习。

（3）促进宝宝健康成长。

心理学家指出，拥抱有利于缓解宝宝的沮丧情绪，提升免疫系统的效率。许多儿科医生发现，拥抱和抚摸还有助于促进宝宝的身体发育和疾病治疗。

（4）促进亲子依恋关系的建立。

爸爸抱着宝宝，用胡子轻轻扎扎他的小脸，把他举得高高地，或者让他在脖子上“骑马马”，会让宝宝感觉到爸爸的坚强有力。而妈妈抱着宝宝，给他讲故事，等他瞌睡的时候给他唱摇篮曲等，会让他感觉到妈妈的温柔。我们在拥抱宝宝的过程中也能感受到宝宝的乖巧与可爱，在这种亲子互动中更易形成良好的亲子关系。

拥抱和亲吻永远是我们这些母亲对于孩子的身心最好的呵护。拥抱和亲吻可以消除沮丧，能使体内免疫系统的效能上升；拥抱和亲吻能为倦怠的躯体注入新能量，使我们的孩子更有活力，成长也更加迅速。此外，每天的拥抱和亲吻能加强我们与孩子之间的母子亲情，并且大大减少孩子“母爱缺失”的可能。

作为母亲，时刻问问自己：“今天你亲了你的孩子了吗？”“今天你有没有忘记拥抱你的孩子？”只有作为母亲的我们注重与孩子的情感交流，在出门、回家时学会拥抱或亲吻自己的孩子，通过自己的实际行动言传身教，我们的孩子将来才能够成为一个与我们一样积极向上、情感健全、懂得交流的人。

做一个真正会爱孩子的母亲，用上班一个亲吻、下班一个拥抱这样简单的亲近行为去表达我们的母爱，这并不会耽误我们上班，更不会影响我们休息。作为一名成功的职场女性，更应是一名成功的母亲，我们不应小视这类举动，我们的亲吻和拥抱传递的是亲情的特殊语言，留给孩子的是一份慰藉、一份温馨、一份力量、一份鼓舞。

4

多和孩子一起玩游戏、做家务

作为一名职场女性，我们大部分的时间都投入到了工作当中，为了我们事业的发展不断努力，回到家中我们又把自己交给了家务，努力打理一个光洁明亮的家。然而当这一切被我们认为是“分内”的事情做完之后，我们却发现自己已经没有了陪伴孩子的时间。

作为一名职场女性，更作为一名称职的母亲，我们需要陪伴孩子的时间，关注孩子的成长，让他们感受到母爱的温暖。孩子最害怕的就是孤独，这种孤独并非自己一人在家，而是心灵上的孤独。也许我们每天都能在孩子身边，然而我们忙碌的身影却让他们望而却步。多抽些时间与孩子游戏，哪怕是在做家务的时候让孩子一同参与，他都能够从中体会到巨大的满足感和心灵的寄托。

不管我们的工作再忙，家务再多，作为母亲难道我们不希望与自己的孩子一起嬉戏？把那些不太重要的工作暂时放下，偶尔让家里杂乱一下也没什么大不了，陪自己的孩子玩一个游戏，我们会收获他们发自心底的笑容。

不要认为那些孩童的游戏是幼稚可笑的，它其实是能让孩子和我们都沉浸在快乐之中的“魔法”。经常与孩子做游戏除了能够逗他们开心，其实还有着更重要的作用。它能够增进我们与孩子之间的情感沟通，通过游戏的过程和宝宝进行情感上的沟通，刺激宝宝的好奇心和满足感，在和爸爸、妈妈的接触中，也发展了社会情感。另外，游戏对于孩子还是一种感官刺激。游戏通常是和语言一起进行的。边跟宝宝做游戏边跟他说话，能让宝宝熟悉父母的声音和样貌，刺激宝宝的听觉，对于听觉和语言发育都有好处。此外，与孩子做游戏还能增进他们的动作发展。每个时期的宝宝都会有新的动作发展，例如翻身、坐、爬等，不同时期进行一些针对宝宝动作发育的游戏，对于动作的发展有很大的好处。

简单易行的亲子游戏：

（1）宝宝被动操。

3个月以内的宝宝，连头颈都没有发育好，太激烈的游戏并不适合，不妨尝试一下被动操。第一节，上举扩胸运动：握住宝宝两只小手，将宝宝两臂平展，然后在胸前交叉，之后将宝宝双臂上举，放下。第二节，上下臂运动：握住宝宝两只小手，双臂上举，然后放下。第三节，腰部运动：四个手指并拢，双手叠起放在宝宝腰下，抬起，再放下。第四节，肩关节运动：握住宝宝左手臂，从胸前向上再向下旋转，换右手做。第五节，下肢运动：握住宝宝双脚，向上抬起宝宝双腿，也可以交叉抬腿。

（2）跷跷板。

坐在床上，把腿弯曲，让宝宝面对面躺在自己的膝盖上，手托住宝宝，然后身体前倾后仰，就像坐跷跷板一样。

（3）躲猫猫。

用手遮住自己的脸，然后再拿开，边做边跟宝宝说话，就像在跟宝宝躲猫猫一样，这会让宝宝觉得很有趣、很开心。

（4）跪肚子。

平躺以后，让宝宝跪在自己的肚子上面玩，这个时候要握紧宝宝的双手，支持住宝宝。这个动作能够训练宝宝跪的动作，锻炼膝关节，为宝宝开始爬做准备。

（5）过山洞。

把胳膊和腿活用起来，变身为山洞，家长一边呼唤宝宝的名字，一边逗引宝宝从山洞里爬过去。

（6）呵痒。

轻轻地刺激宝宝身体的各个部位，如肚子、脚、头部。可以轻轻挠挠宝宝的肚子，或者让宝宝平躺，用嘴贴紧宝宝腹部吹气。宝宝感觉到这些轻微的刺激会很开心。

而当孩子逐渐成长，已经掌握了走路和一些简单活动的技巧，那么我们更可以让他们投身到我们这些“家庭主妇”的家务事当中去。让孩子参与到家务事中并非真的让他们能够起到帮助作用，而是通过对家务以及一些工具的好奇来锻炼他们的心智。

比如，我们在擦地时可以让孩子跟在我们身边握住拖把一起做擦地的运动，这样能够锻炼孩子的上肢活动能力。又或者我们可以在擦窗台时将窗户关上，然后抱着孩子在窗台上体验居高临下的感觉，锻炼他们的勇气。我们还可以让他们做一些诸如擦桌子、擦椅子的简单家务，让他们体验我们作为母亲的辛苦，建立对我们的尊敬。

有些职业女性可能会说自己真的没有时间陪伴孩子，其实这不过是借口而已。只要我们有心，在做家务时就能够培养孩子很多方面的能力，也能让孩子有参与其中的乐趣。做什么并不重要，关键是与孩子一起来做，让他感觉到自己与这个家庭，与母亲紧紧相连，排解他们内心的孤独。

作为一个称职的母亲，一个孩子心中最爱的妈妈，多抽时间陪陪孩子，在与他们游戏的过程中我们也能够缓解疲惫的身心，在孩子的笑声中我们将得到母亲最大的满足。

5

珍惜晚餐时间，和孩子亲热地聊聊天

在职场中的我们唯有努力拼搏才能够给自己、给孩子创造更加优越的生活条件，这一点不可否认。对于职场女性来说，在工作中全神贯注不受家庭和孩子影响无可厚非。但当我们回到家中，恢复“家庭主妇”身份之后，我们每天一定要抽出固定的时间与孩子进行交流。

不管我们多忙，饭总是要吃的，当我们成为母亲之后，晚上全家人一起在饭桌上享用充满爱意和温暖的晚餐也成为了每天的“必修课”，而正是这个餐桌同时也是我们与孩子亲热聊天的最好平台。

作为母亲，与孩子进行沟通有着重要的意义。首先，父母与孩子的交流能够影响儿童智力和人格的发展。美国心理学家布鲁姆曾对1000名儿童进行过追踪研究，结论是如果把一个人17岁时达到的智力看作100%，那么大约有50%左右是在4岁前完成的，30%左右是在4至8岁时完成的，20%左右是在8至17岁时完成的。从这项研究中我们可以发现两个问题：一是人的智力发展主要是在儿童期完成的；二是儿童期智力发展的主要环境是家庭环境，包括家庭的物质环境和精神环境，其中亲子之间的交流状况是家庭精神环境的一个重要侧面。

其次，父母与孩子之间的交流有助于父母全面了解自己的孩子，根据孩子的特点来培养孩子。孩子渴望与父母交流，他们常常会在与父母的闲谈中道出自己在学校中的各种经历。如果父母能静下心来倾听孩子的诉说，就会对孩子的个性、交友和处事有个清晰的了解，在教育和辅导孩子时就比较容易，而且也有效得多了。

最后，父母与孩子之间的交流有助于加强两代人之间的相互理解，满足儿童的情感需要，促进儿童的生理和心理健康。如果儿童在生命之初，能够感受到家庭成员相亲相爱，体验到家庭生活的温馨，他就会产生一种与人交往的信任感和安全感，这种早期的生活体验对他一生的发展有积极的意义。

与孩子和谐沟通的四大法门：

（1）沟通从善于倾听开始。

试想一下，你与一个朋友交谈时，发现他没有注意听，你可能会感到受了伤害，感到气愤，不再有继续谈下去的兴趣了，他就像关掉开关一样切断了你谈下去的欲望。那么，父母在与孩子交谈时也是如此。不要认为我们的孩子很好“敷衍”，其实他们心中的情感与我们一样健全。如果能让孩子意识到我们在认真听他讲话，他会渴望在一定的时间里得到我们的全部注意，保持交谈兴致。如果以这种方式表示理解孩子的感情，就会使孩子有机会倾诉自己的内心想法。这对保持我们与孩子之间的良好沟通大有帮助。

（2）先做朋友，再做父母。

孩子小的时候，知识贫乏，生活经验少，此时父母的角色是孩子的指导者、照顾者、呵护者；孩子长大后，他们有着自己的思想与看法，有独立的生活能力和处理问题的能力，这时父母的角色应该转变成孩子的顾问、合作者和朋友。孩子往往对居高临下的父母持否定态度或会产生逆反心理，“渴望平等”是孩子最强烈的心理需要。因此，我们作为母亲最好以大朋友的身份来对待孩子，而不是以长辈的身份来压制孩子或以命令的方式教训孩子。

（3）把强行的要求和规定变成讨论式、商议式的谈话。

以朋友的身份对待孩子，并不意味着父母不给孩子任何帮助、批评和建议。问题的关键是父母要以比较民主的教育方式，给孩子选择的机会和解释的权力。当孩子觉得父母不是以长者的身份和用权威语气来教训他的时候，父母的意见往往容易被接受。比如，在日常生活中家长与孩子谈话时常用“你应该怎样”“你必须怎样”，这是一种强行的命令式口气，如果变成商议的、讨论式的口吻，如“你能不能怎样”“争取怎样”“建议你怎样”等，孩子或许更容易接受。

（4）提高自身素质，寻找与孩子沟通的话题与基础。

沟通需要有共同的话题。孩子关心什么？心理需求什么？对什么最感兴趣？都值得家长研究。在问卷调查时，还有一位学生写道：“我们喜欢自然的沟通，不喜欢家长郑重其事地说：来来来，我们坐下来谈谈。”要在自然的状态下沟通，就要求家长多学习，多看书，多接受新生事物。

作为母亲，我们肯定希望自己能够帮助孩子更好地成长，那就需要我们从沟通开始。沟通能够让我们了解孩子的内心，也让孩子有机会倾诉自己的想法。如果我们真的很忙，那就利用晚饭的时间，让餐桌成为我们了解孩子内心的最好平台，在我们满足孩子的胃时，也满足他们的心。

心灵是一扇有窗子的房子，而交流就好像从窗子吹进来的新鲜空气。只有不断让新鲜空气注入，让污秽之气得以净化，这座房子才能充满美好的气息。从晚饭时的沟通做起，让孩子的“心房”透透气，为孩子的成长尽尽力。

6 睡前讲故事，亲子好时光

回想我们的孩童时光，可能每一个职场女性都有过这样的经历：当每天即将入睡之时，我们的父母将一个个故事娓娓道来，在这些故事之中我们渐渐进入梦乡。那时生活并没如今紧张的节奏，让我们有机会享受这睡前幸福的时刻。然而如今的我们却迫于工作和生活的压力，忽略了这个对孩子来说最期待的“时光”，只得让孩子自己面对孤寂的深夜。

可能对于我们这些现代职业女性来说，故事的魅力已经逐渐被淡忘，取而代之的是网络和电视。然而对于孩子来说，听故事依旧是他们童年的重要组成部分，正是一个个故事给予了他们欢乐，教会了他们道理。

别小看这短短的讲故事时间，它不仅能让孩子安静入睡，而且有助于提高孩子的理解力，对孩子的智力发展有明显促进作用。通常，年幼的孩子识字有限，精美的插图难以全面地传达故事内容，而孩子的学习能力、理解能力都需要后天的培养。因此，我们的用心讲解就成了孩子扩大书本知识面最有效的途径。我们如果能较早地重视孩子的阅读需求、求知欲望，让睡前的一个个故事伴随孩子成长，这对孩子今后的智力开发有很大的促进作用。

同时，睡前讲故事能加深我们与子女之间的交流与沟通，从而使孩子产生一种安全感，这对儿童感情的发展非常重要。对于稍大一些的孩子，我们在讲故事的同时，还要仔细观察他的反应，敏锐地捕捉他的兴奋点，培养孩子对阅读的兴趣。另一方面，也可以通过故事中的形象启发和诱导孩子，帮助孩子改正缺点，达到正面教育的目的。

当然，给孩子讲睡前故事并不同于我们自己阅读，如果只是“草草了事”，那么就不能达到理想的效果，孩子也不会因此受益。作为一个合格的妈妈，我们不但要在睡前给孩子讲故事，更要学会如何讲故事。

方法1：绘声绘色。

给孩子讲故事，需要语言生动、表情丰富，让孩子有身临其境、如见其人、如闻其声的感觉，这样才能增强故事对孩子的吸引力和感染力，激发孩子去感知、联想和想象。对低年龄的孩子来说，如果能再辅之以一些手势和小动作来演示故事中的人物形象，效果就更棒。比如，讲到小白兔的时候，两手放在头两侧演示小白兔的两只长耳朵。

方法 2：有意重复。

孩子学会讲一个故事，要经过聆听、理解、记忆、复述四个阶段。当孩子重复听同一个故事时，能在重复启动的故事形象中产生愉快感，增加兴趣并检验自己的记忆和实现自己的期望。对于 2 至 3 岁的孩子，不妨选择十几个故事反复给他讲，也可以让他跟着父母一起讲，让他反复模仿，加深记忆。时间长了，他听熟了，理解了，就记住了，慢慢地就能自己讲了。

方法 3：耐心启发。

给孩子讲故事要有耐心，要穿插着向孩子提出启发性的问题，答对了及时表扬，答错了要耐心解答，下一次讲故事的时候再让他答一次。当然，问题的难度要伴随着孩子的成长，循序渐进。一开始，问题可以简单些，如“兔宝宝在猴子阿姨家吃了些什么”之类，以调动孩子的思维，让孩子养成边听故事边思考的好习惯。然后再让他尝试填充故事，续编故事，接龙故事等，以培养孩子的想象力和思维能力。

静谧的夜晚，四周弥漫着淡淡的幸福，一个孩子抱着自己最喜欢的玩偶，依靠在母亲的怀中听故事，不知不觉地睡着了，这是一幅多么温馨的感人画面。作为一个母亲，在我们忙碌了一天渴求快速进入梦乡时，不要忘了我们的孩子，让他在一个个故事中带着幸福的笑容睡去，作为父母我们也会睡得更加安稳，更加满足。

7

节假日充分享受和孩子在一起的时光

如果要问每一个孩子心中最期盼的时光，那么无疑就是节假日的到来。假期对于孩子来说可能比我们更加重要，因为这可能是他们与忙碌的我们享受亲情的最好机会。对于我们这些职业女性来说，工作和生活的压力往往让我们很少有机会与自己的孩子享受在一起的时光，而孩子也因此而备受孤独的折磨。

不要让其他事情再剥夺孩子享受母爱的最后一点权利，在节假日时排除一切干扰，让自己充分享受和孩子在一起的短暂时光，让我们的孩子得到母爱最充分的关怀。

利用节假日来与孩子一起度过幸福的时光能够让我们与孩子之间的感情更加浓厚。平时我们总是忙于各种各样的事情，可能并没有什么时间来陪伴孩子，而孩子也会因此逐渐与我们疏远，母亲与孩子之前的亲情就在这种疏远中岌岌可危。而当节假日来临时，我们终于能摆脱工作的枷锁，那么就一定要充分利用这来之不易的闲暇，将自己的事情先放在一边，给孩子一场旅行的惊喜，陪孩子度过游乐场的愉快时光，在沙发上抱着自己的孩子一起看一次动画片。就是这些让我们再一次加固了与孩子之间的亲情，也让他们深刻地感受到了他们在作为母亲的我们心中有着重要的地位。

另外，利用节假日来享受与孩子在一起的时光也能够让我们自己得到充分的放松和休息。职场女性也是人，我们并不是一部只会工作的机器，自然也会觉得身心疲惫。何不利用节假日的机会与孩子一起玩耍，让孩子的天真和笑语抹去我们心中的阴霾，让我们也能将自己置身于快乐和轻松之中。

当然，如果想要充分地享受与孩子在一起的时光，我们也要提前做好准备。比如，我们在计划一次旅行，那么就要事先做好准备工作，对于孩子在旅行中的注意事项也要及时“恶补”。而如果是去游乐场，我们要知道哪些游艺项目更适合孩子的年龄，哪些是他最喜欢玩的项目。充分的准备能够让孩子感觉节假日的时光更加美好，也会体会到我们作为母亲的良苦用心和伟大母爱。

带孩子乘飞机或自驾出游时应该注意哪些问题：

作为职场女性，我们可能已经通过自己的打拼拥有了一定的经济实力，出游的方式也通常选择飞机或是自驾，这些更加快捷的交通工具能够让我们有更多的时间享受游玩的快乐，然而我们身边的孩子却可能给我们带来麻烦。

（1）自驾出游的麻烦。

把孩子捆在车椅上，再放上一首愉快的歌曲，我们出发吧！你以为一路上，宝宝都会这样乖乖地在车椅里享受音乐吗？那可真是痴心妄想。我保证，到不了第一个服务区，车椅里的孩子就会抓狂了。

解决方案：

① 合理规划出行时间。自驾出游不用遵循飞机、火车的时间表，时间安排比较自由。因此不妨选择孩子午休的时间出发，这样很大一部分车程会在他们的睡梦中度过。等他们醒着的时候，一定要注意每隔一个小时左右，就停下车让孩子活动和休息一下，这样也有利于体力的恢复和情绪的缓和。

② 千万不要等到孩子哭闹再陪她玩。很多妈妈自己很贪玩，总是一上车就打游戏、看小说、看电影……先自己玩得很 High。等孩子一个人玩得不耐烦了，哭闹了，才去勉强陪他玩一会儿。专家指出，千万不要等他哭闹了再陪他玩。因为这样一来，孩子就会认为哭闹是赢得妈妈关注的好手段，从而变本加厉。

③ 不要忽略沿途风景。自驾游的一大优势就是可以走走停停，因此如果选择自驾游就不妨随意些，不要目的性太强。一路上遇到好玩的地方，比如宠物店、公园、小运动场、漂亮的向日葵田……都可以停下来让孩子玩上一会儿。既可以缓解车程的无聊，同时很可能找到意外的惊喜。

（2）飞机上的烦恼。

小孩子的情绪很容易受到外界环境的影响。从安检到登机，漫长的等待、嘈杂的人声、陌生的环境都可能导致他们焦躁不安。年龄稍大的还可能因为知道飞机飞上高高的天空了，而感到害怕。

解决方案：

① 提前告诉孩子将要发生的一切。陌生和未知是让他们感到害怕的根源。不妨在出行前简单跟他们描述一下即将要去的地方，并简单介绍一下出行交通工具的情况。妈妈可以用愉快的语气告诉孩子，我们要坐飞机到很远的地方去，我们坐在飞机里会像小鸟一样飞上高高的天空，飞到白云身边去。甚至可以用他们的飞机模型玩具和他一起玩玩坐飞机的游戏。

② 提供足够的玩具和游戏。就像你给自己准备的 iPad 一样，千万不要忘了给孩子随身带上一些玩具和书，以便帮助他们打发无聊的候机和飞行时间。出行时最好选择体积小且轻便的玩具，不要只带一件，不断的新鲜刺激会让孩子玩游戏的热情持续得更久一些。

③ 登机之前消耗小家伙的多余精力。不想让他们在飞机上大喊大叫，那就最好在登机前消耗掉他的无处释放的多余精力。可以让孩子帮忙拉个小小的旅行箱，或是陪他在扶梯上多玩几次上楼下楼的游戏。

在难得的假日中，不要让自己再深陷忙碌，也不要想着享受自己独处的安静。既然我们选择了成为母亲，我们就应该首先想到如何博孩子一笑，与他们一起度过愉快的假期时光，也许我们会得到意想不到的惊喜。

第七章　科学育儿，智慧教子：优秀职业女性教养子女的智慧

优秀的职业女性教育孩子，不是打骂，是沟通；不是打击，是鼓励；不是一味地只看分数看成绩，而是更加注重培养孩子健全的人格，广泛的兴趣。她们不仅是孩子成长道路上的指路人，更是孩子成长过程中的好伙伴，是孩子最知心的好朋友。

1

多鼓励少批评，给孩子树立自信

要想真正把孩子培养成优秀的人，家长就要认清鼓励的重要性，同时还要学会怎样正确地运用鼓励。适时又适当的鼓励，是召唤失败的孩子重整旗鼓的号角，是催促孩子在成功的路上马不停蹄的鼓音，是浇开孩子心中那朵叫“成长”的鲜花的甘霖。没有一个孩子生下来就是天才，所以他们的人生之路也一定不会一帆风顺，无论失意还是得意时，家长如果都能给以不同鼓励的话，那么就会帮助他们渡过难关，走向成功。

美国影片《师生情》中有这样一段感人至深的情节：一位白人老师到社区给一群长期受种族歧视的黑人孩子上课，在课堂上老师伸出一只手问其中一个孩子：“告诉老师这一共是几个手指？”那个孩子缓缓地抬起头，涨红了脸，盯着老师的5个手指，数了半天，终于鼓起勇气，开口说：“3个。”面对这样的错误，这位老师出乎意料地说：“太好了，你真了不起，一共就少数了两个。”

没有指责，只有鼓励，这样的教育方式没有理由教不出有出息的好孩子。然而，令人遗憾的是如今这样会鼓励孩子的家长太少了，尤其是职业女性更是迫不及待地想让孩子早日“成龙”。所以看到的总是孩子作业本上的红叉，总是把眼睛盯在孩子的点滴错误上，她们失去了耐心，更很少说鼓励的话语。其实，在孩子最初的生命经历中，他们对这个世界是一无所知的，而且他们绝大多数的感觉记忆都是失败的经验。于是，出于自我保护的本能，他们对所处的环境充满恐惧，只有在家长耐心的呵护和不断的鼓励下，他们才能逐渐地学会做各种事情，并累积一些成功的经验。因此，在孩子表现出自信的时候要及时给予积极的表扬和鼓励，让孩子淡化“我无能”的心理，树立起“真诚我也行”的心理。当然，对孩子的鼓励和赞扬，千万不要故意夸大其词，或者言不由衷。比如，孩子在画画时，不要总说：“啊，你画得真好，真像个大画家！”可以从多角度说：“你画的这棵树真美，连树叶也很逼真。”这样，孩子就会觉得鼓励和赞扬是真诚的。可以通过闲谈的形式给孩子讲一些其他人怎样从缺乏自信变成充满信心，让孩子从他人的事例中学习一些经验，这比直接说理更容易让孩子接受。

有一个10岁的女孩，非常喜欢弹钢琴，弹的曲子非常优美，她每天坚持练习好几个小时。另一个孩子的妈妈见此情景，对女孩的自信和努力非常好奇，就问女孩的妈妈：“你的孩子怎么这么自觉呀？而且，她看上去非常喜欢弹钢琴。”女孩的妈妈淡淡地笑了，说：“我虽然不懂音乐，但是我懂得欣赏我的孩子，每当她练琴的时候，不论好坏，我总是对她说‘孩子，你今天弹得更好了，比昨天进步了’。我是她最忠实的听众，孩子非常喜欢弹琴给我听。”

有一句教育名言这样说：要让每个孩子都抬起头来走路。“抬起头来”意味着对自己、对未来、对所要做的事情充满信心。任何一个人，当他昂首挺胸、大步前进的时候，在他的心里有诸多的潜台词——“我能行！”“我不比别人差！”“我的目标一定能达到！”“我是最棒的！”“小小的挫折对我来说不算什么”……假如每一个孩子，都有这样的心态，肯定能不断进步，成为能全面发展的好孩子。因此，激发孩子的自信，让孩子挺起自信的胸膛，是应该重视的问题。一个孩子自信心的培养，会对他的一生产生举足轻重的作用。说实话，并不是每个孩子都会成为科学家，学生时代成绩很棒的人也并不一定就会有所建树。但是，孩子如果从很小的时候就充满自信，这对他的人生一定会有积极的意义。

自信心是孩子学习、生活成功的精神支柱，然而孩子的自信心不是天生的，而是在后天的生活实践与学习中培养起来的。孩子自信心的形成与他们的父母有密切的关系，因此，职业女性要懂得尊重孩子，帮助孩子建立良好的自我形象。在日常生活中，把孩子当成与自己平等的人，有意识地让孩子参与一些家庭的事务，与孩子讨论一些家庭中的事情，让孩子感觉到自己的能力和父母对自己的信任。父母千万不要经常对孩子说：“你真没出息！”“小孩子懂什么！”“大人的事，小孩子知道什么？”这样，孩子就会觉得自己无法获得父母的信任，从而无法获得自信。请父母记住，千万不要为了自己的尊严，伤害孩子的自尊。

2

尊重孩子，培养孩子完善的人格

做为优秀职业女性应该尊重孩子，让孩子拥有完善的人格。孩子人格的形成与父母的教养方式有很大的关系。正确、科学的教养方式是保证孩子形成完善、健全人格的关键。

人格是构成一个人的思想、情感及行为的特有综合模式，这个独特模式包含了一个人区别于他人的、稳定而统一的心理品质。人格又被称为个性或个性心理。人格的各种要素不是孤立存在的，它们有机结合而形成一个整体。人的表现之所以千差万别，是因为每个人的内在人格都是独特的、有差异的。人格决定着每个人的生活方式，甚至决定了一个人的命运，它是人生成败的根源之一。

周怡是个四年级的小女孩，平时很喜欢绘画，但学习成绩却不好。妈妈反对她画画，因此她非常自卑。有一天，周怡正在书房发呆，妈妈让她把几张最近画的画拿出来看看。小怡低着头拿了出来，妈妈夸奖了她。小怡有点不相信地不断问：“妈妈，真的吗？”妈妈告诉她：“每个人都有自己的长处和不足，你的画画得很好，以后妈妈不反对你画画了。你应该发挥自己的特长。”从那以后，小怡变得自信起来了。

优秀职业女性应该指导自卑的孩子多关注自己的长处，并且鼓励他们去学习自己擅长的东西。而对于骄傲的孩子，应该告诉他们多看看自己的不足，并且鼓励他们去努力改正自己的不足，这样才能使孩子拥有健全的人格。

孩子是每个家庭最宝贵的财富，是整个世界的未来！人格是孩子一生成败的关键。拥有良好人格的孩子能够吸引更多的人并与之建立良好的人际关系，同时他们也能够及时把握住机会，巧妙地处理各种矛盾，克服种种困难，成为时代的宠儿。为此，作为职业女性，你在培养孩子的人格时要重视以下三点：

第一，认可孩子的独特性。

“独特的想法决定一个孩子的创造力，如果家长对孩子的独特之处不理解、不宽容，孩子就没有机会把自己的想法落实到行动中，更不能体会把想法转变为行动的喜悦。”即使孩子的某些独特的想法落实于行动后失败了，孩子也能从中收获失败的经验，获得总结失败、寻找方法、获得成功的机会，如果家长不容许和不尊重孩子的特质，孩子的自信心就会受到打击。家长最关键的是要认识到，每个人都存在负向的特质，自己的孩子也不例外，应该容许、认可、尊重这些负向特质的存在。一些负向的特质，也许只是另一种特质的表象，而那另一种特质也许只是因为环境的原因，得不到表现和发挥而已。只有觉察到这些特质的存在，才能找到让孩子发挥其优势的方向，并明白孩子的兴趣爱好所在。

第二，了解孩子的智能优势。

认可了孩子的独特性之后，培养孩子的正面特质，了解并找到孩子的智能优势很重要。家长只有找到了孩子的智能优势，才能提供给孩子发挥其智能优势的空间，并在符合其兴趣爱好的范围内，让其选择能发挥其智能优势的方式，让他有机会把自己的特质放大。

第三，创设放大特质环境。

创设环境，指的是创设家庭环境。一个孩子的特质是否能得到发挥，决定于他所处的家庭是一个健康而开放的家庭，还是一个封闭而矛盾丛生的家庭。家庭环境决定着孩子拥有怎样的人格模式，也决定着孩子拥有怎样的特质，并且是否能把正向的特质发挥到淋漓尽致。如对一个爱哭的孩子来说，家长可以在孩子爱哭的特质中寻找正向的信息，让孩子的特质起到推动人生前进的作用。从这个意义上说，人不存在负面的特质，只是看能不能找到这个特质在另一个方面的正向作用。一个健康而开放的家庭，能让有着独特特质的孩子，通过其特质的发挥，使将来的道路走得更顺畅。

总之，人格的形成是先天的遗传因素和后天的环境、教育因素相互作用的结果。影响人格特征的主要因素有遗传、气质、生理特征及家庭环境等。其中，遗传是人格不可缺少的影响因素。通常在智力、气质这些与生物因素相关较大的特质上，遗传因素的作用较为重要；而在价值观、信念、性格等与社会因素关系密切的特质上，后天环境的作用更重要。研究发现，采取权威型教养方式的职业女性在子女的教育中处于支配地位，控制孩子的一切。孩子在这种环境下成长起来，容易形成消极、被动、依赖、服从、懦弱、做事缺乏主动性等不良人格特征。采取放纵型教养方式的父母对孩子过于溺爱，让孩子随心所欲，想干什么就干什么，对孩子的教育常常出现失控状态。在这种环境中成长起来的孩子多表现为任性、自私、无礼、独立性差、唯我自尊、蛮横胡闹等。这种教养方式是职业女性最容易走进的误区。采取民主型教养方式的职业女性与孩子在家庭中处于一种平等和谐的氛围当中。尊重孩子，给孩子一定的自主权并适时给其积极正确的指导。这种教育方式能使孩子形成积极的人格品质，如活泼、快乐、直爽、自立、彬彬有礼、善于交往、善于合作、思想活跃等。因此，为了培养孩子健全、完善的人格，职业女性应该采用民主的教养方式。平时在生活中，多尊重和理解孩子，把孩子当成一个平等、独立的个体。在这种家庭环境和教养方式下长大的孩子才能形成完善的人格，他日走入社会才知道如何尊重和理解他人。

3

善待孩子的兴趣，别把成绩看得太重

学习成绩是家长们最关心的问题，分数似乎成了孩子们向家长交差的唯一见证。其实不然，在检验孩子的学习中，分数只是一个参照，关键是每天的作业的完成质量和平时知识积累的程度。优秀职业女性更重视孩子学习与分数，但不要过分重视，更应该善待孩子的兴趣，这才是关乎孩子一生的大事。兴趣是学习的动力，要把孩子身上的潜能发挥出来，发现孩子的兴趣，培养孩子的兴趣。

兴趣是儿童智力发展的巨大推动力，因为兴趣可以吸引孩子对某些事物特别关注，从而使孩子开阔眼界、获得相关的知识与信息，为他们思维与想象活动提供基础条件。对事物的浓厚兴趣可以使孩子的智力得到成功的、全面的开发。孩子的兴趣是一种非常宝贵的资源，合理开发、利用，可以使孩子得到科学的发展。因为如果孩子感兴趣，他会把从事这项工作看作是趣味的游戏，从而愉快地发展壮大。兴趣可以说是孩子学习的最强动力。有了兴趣，就有了学习的渴望与积极性，就有了自觉学习的可能，就有可能持之以恒，并且从中体验到快乐。这时就变“要我学”为“我要学”了。但兴趣是因人而异的，作为职业女性一族的母亲应该接受这样的事实：孩子的兴趣和我们的兴趣完全是两回事，孩子不是按我们的想法产生他的兴趣。孩子的兴趣看起来可能显得简单、幼稚、无意义，但也不能因此把自己的兴趣强加给孩子。我们应该做的是，接受孩子的兴趣、尊重孩子的兴趣、发展孩子的兴趣。

世界著名的科学家达尔文，1809 年 2 月 12 日生于英国希鲁兹别利。达尔文的祖父也是一位博物学家，对动物、植物、矿物、地质都有很深的研究，同时他还是一位发明家、医生、哲学家和诗人。因此，他们这个家族在当时的英国是非常知名的。他的外祖父是一个著名的研制奶油色瓷器的专家，也是一位知名人士。达尔文的父亲是一位当时非常著名的医生，19 岁就获得了医学博士学位。因此，达尔文可以说是出身名门望族。可是，幼年时期的达尔文是一个普普通通的孩子，他和其他孩子一样，看不出有什么“天才”的迹象。而且，这个孩子还有一些不大务“正业”的爱好。

父亲是一位名医，也想把达尔文培养成名医。可是，达尔文对学医一点兴趣都没有。他感兴趣的是大自然里那些千奇百怪的动物和植物。他常常跑到森林里去观察这些动物和植物。他还搜集许多风干的植物和死了的昆虫，把它们做成标本。同时，他还搜集硬币、图章、贝壳和化石等许多杂七杂八的东西，甚至还爱好在家里自己做化学实验。有一次，他“研究”后在众人面前宣称，他搜集的几块化石是价值连城的奇珍，说有一块硬币是罗马造的。人们普遍认为他养成了一种最不好的习惯——说谎。8 岁那年达尔文进入了一所私立小学，但他不喜欢课堂上老师讲的枯燥无味的《圣经》，却喜欢在课后观察蝴蝶、蜜蜂，捕捉昆虫。

上中学后，达尔文胆更大了，常常一个人跑到野外看他喜爱的动物和植物，自然学习“成绩”不会好。老师说他“是一个平庸的孩子，远在普通的智力水平之下”。他的父亲虽然认为他“除了打鸟、养狗、捉老鼠外，什么都不会干，将来会丢全家的脸”，但不强迫他丢下这些他感兴趣的事。

日本教育家木村久一说过：如果孩子的兴趣和热情一开始就得到顺利发展的话，大多数孩子将会成为英才或天才。在孩子的兴趣与家长的愿望产生分歧的时候，达尔文的父亲最终选择了尊重孩子，这为达尔文一生的成就打下了良好的基础。1859 年达尔文完成轰动世界的《物种起源》。马克思在仔细研究了这部书后指出：“这本著作非常有意义，我可以用它来当作历史上的阶级斗争的自然科学根据。”恩格斯则称《物种起源》为“划时代的著作”。达尔文成了生物进化论的奠基人。达尔文的父母让孩子向自己有兴趣的方向发展，才使他走向了成功。

让孩子体验到克服困难获取成功的乐趣，是保持孩子学习兴趣的必要条件。注意让孩子有获得成功的机会，即使是微小的进步，也应加以鼓励。经常遭受挫折，甚至遭受指责或体罚，会使孩子的学习兴趣丧失殆尽。那么职业女性应该如何激发孩子的学习兴趣呢?

第一，保护孩子的好奇心，求知欲。

孩子的注意力通常不稳定，他们对某一事物的兴趣通常与他们的好奇心、新鲜感分不开。因此，作为家长就必须善于发现和引导，他经常带孩子出去参观、外出散步，或者带着孩子摆弄和拆卸各种玩具等，让孩子在探索“秘密”的活动中，激发学习兴趣。

第二，避免孩子对学习产生厌倦的情绪。

对孩子的学习，要合理安排时间，每次持续时间不宜过长，防止大脑皮层产生保护性抑制，从而降低学习兴趣，影响学习效果。即使对于同一内容的重复学习，也要每次变化方法，最好与游戏结合起来，学学玩玩、动静交替，以免孩子产生厌倦感。年龄稍大的孩子可适当地组织竞争性的活动，激发孩子的学习兴趣。

第三，鼓励孩子自己寻找答案，宽容孩子探索过程中的过失。

兴趣不但能让孩子主动学习，也是孩子良好学习习惯养成的重要条件。孩子在自主学习的过程中难免会产生困难，但是有时候他们并不希望成人直接介入活动，给予他们帮助，他们会在自己的思考下寻找解决问题的方法。如孩子在拼搭飞机模型时，会遇到一些困难，经历一次次失败，但是他不会放弃，他会勇于探索，在一次次失败后获得成功。为什么呢？因为他感兴趣。由此可以看出活动的兴趣对培养孩子的学习坚韧性、自觉性有重要作用。当孩子的兴趣不合我们的要求时，以孩子的兴趣为准。任何形式的不尊重、限制或否定态度都不利于保护孩子的兴趣，不利于孩子的成才。

4

多与孩子沟通，了解孩子的想法

现代家长最大的特色，就是“忙”。爸爸忙，妈妈忙，能干的职业妇女在家里最常挂在嘴边的，就是催孩子：赶快洗澡、赶快吃饭、赶快写功课、赶快……一忙、一急，哪有时间、哪有心情和孩子好好聊天呢？可是，不多和孩子沟通，又怎么会知道他在想什么、他想做什么？作为职业女性，无论多忙，也要找出时间和孩子聊天，进行温馨的亲子对话，多听孩子的想法，也适时说理给孩子听。

有一个6岁的孩子，刚从奶奶家回到父母身边。有一天，母亲炒了一盘鸡蛋，端到桌子上，接着进厨房继续炒别的菜。等母亲再次来到桌旁时，孩子已把鸡蛋吃得精光。但妈妈并未责骂他，只对他说：“父母都还没有吃，你怎么可以一个人把鸡蛋都吃光呢？”

孩子不吭声，却在一旁悄悄掉眼泪。母亲问：“你这孩子怎么这样，我又没训斥你，你还哭？”经询问才知道，他在奶奶家里时，吃得越多，奶奶越高兴，多吃点儿，奶奶还表扬呢，从没有告诉过他，别人没吃的时候，自己不能都吃完。

母亲告诉孩子后，孩子从此便知道了做事还要为他人着想。父母若一味责怪而不与孩子交流，只能让孩子徒受委屈而又得不到教育，对于年龄大的孩子更是如此。孩子毕竟是孩子，他们考虑事情，都十分单纯、幼稚，这时父母切不可妄下结论，轻视或嘲笑他，而是应该认真听他的想法，与他一起讨论解决问题的办法。

研究发现，现在越来越多的孩子会患上“儿童孤僻症”，这主要是由于父母和孩子缺乏沟通所致的。由于我国的计划生育政策，如今的独生子女越来越多，再加上住楼房的原因，孩子就会缺少玩伴，感到分外孤独。因此，职业女性多和孩子沟通是很重要的。多和孩子沟通的好处有以下三点：

第一，可以增强父母和孩子之间的情感，和孩子成为朋友，减轻孩子的孤独感。

第二，多和孩子说说话，能够锻炼孩子的语言表达能力，促进孩子的大脑发育，这样就有利于孩子更好地融入社会，这些就是多和孩子沟通的好处。

第三，认真回答孩子提出的问题，不要说“不知道，等你长大以后你就知道了”，要在回答孩子提出问题的时候给予孩子更多的思考，这样可以锻炼孩子的思维能力。

小李的儿子今年6岁，平时不管工作多忙，小李晚上回家一定会花时间和孩子交谈一会，要么是洗脚的时候，要么是上床睡觉前，与孩子谈谈当天学校发生的事情，这些交流是轻松愉快的。大部分时间都是孩子讲，小李做一个全神贯注的倾听者。倾听是沟通的前提，只有倾听孩子的倾诉，知道孩子在想什么，才能有针对性地给予孩子关心和帮助，也会使以后的亲子沟通变得更容易。孩子诉说高兴的事，小李表示共鸣；孩子诉说难过的事，小李表现出足够的耐心，并使用“嗯”“噢”“是吗”等词语，表示在认真地倾听，鼓励孩子继续说下去。这样，不仅使孩子更乐意倾诉，也可以提高孩子的语言表达能力。从与儿子的谈话里，小李能深切感受到孩子的喜怒哀乐。

孩子心目中最好的人物都擅长与孩子们进行沟通。职业女性是否能够经常深入浅出地以孩子容易理解的方式来同孩子讲道理，会影响到孩子是服从你还是违抗你。明智的职业女性懂得如何让一个内心封闭的孩子敞开他的心扉，并且会遵循这么一条金科玉律：你希望孩子以尊重的态度与你谈话，那么你必须首先在交谈中以尊重的态度对待孩子。因此，除了学会如何与孩子交谈之外，学会如何倾听也同样重要。获得一个孩子好感的最好办法莫过于让他知道你重视他的看法。

沟通并不完全是说、讲、谈，真正重要的沟通元素是“倾听”。学会倾听，这是许多成功者说话的秘诀。多数人在与别人交谈的时候，不注意倾听。他们只关心自己要说什么，他们不知道用耳朵交流，只知道抓准机会滔滔不绝。其实，每个人在与别人交谈的时候，都喜欢善于倾听而非善于交谈的人。职业女性要开启和拓宽亲子沟通的渠道，在倾听中让孩子能够真诚地表明想法和感受，而不必担心被拒绝。在心理学上，倾听更具有净化的作用，当孩子遭遇挫折、困难，感到沮丧或难过时，倾听能够沉淀和过滤孩子复杂而激动的情绪。爱孩子的妈妈们，应该是具有勇气和智慧的，勇于打破自己的束缚，善于改变自己的思维模式和表达方式，主动接近孩子，倾听孩子的心声，试着换位思考揣摩孩子的感受，而不是期待孩子永远听话，等待孩子跟自己亦步亦趋。

5

勇于向孩子认错

教育孩子勇于承认自己的错误，告诉他们犯了错就得勇于承认，不要为自己找各种借口，谁都会犯错误，关键是要能面对错误、改正错误。但有些职业女性自己错了，却不愿意在孩子面前承认，不愿意向孩子道歉。其实这么做、这么想都是错误的。不道歉主要分为两种：一种是对伤害孩子毫无知觉，认为自己没错，这容易在孩子心中埋下人格扭曲的种子。一个对他人情感不关心，对自己行为没有衡量的人，孩子长大后很可能被塑造成极端性格，要么冷血淡漠，要么敏感多愁。应该多了解亲子关系的相关知识，改善育儿理念，这样才能认识到自己的不足，并采取行动及时与孩子沟通。另一种是明知自己语言、表情或动作伤害了孩子，事后也进行了自我反省，认为自己的做法确实欠妥当，但就是不把内心想法告诉孩子，在孩子面前依然“嘴硬”，拒不认错。虽然这类妈妈可能在职场上得心应手，但在如何跟孩子相处的做法上是不明智的。

一天，李静下班回家看到书橱被翻得乱糟糟的，地上满是书，女儿正坐在地上翻书。李静很生气，想当然地认为是女儿翻乱的，对着女儿就批评一通。女儿也生气了，她不承认是她翻的，她说一进来时就这样。李静更发火了，错了还不肯承认，于是命令女儿半小时内把地上的书整理好。女儿很委屈的样子，气呼呼地开始收拾书。李静离开了一会，想给她独处的时间，冷静一下，好好反省自己。一小时后，李静的爱人从外面回来，才知道原来是他弄乱了书橱，误会了女儿。李静为自己的言行不妥有些后悔，赶紧跑去看女儿，她已经整理好了书，但就是不肯理李静。

李静说："宝贝，妈妈错怪你了，书是你爸爸弄乱的。"可李静马上又为自己找借口："我进来时爸爸不在，就你在房间，所以我认为是你。"女儿显然对这样的话不满意。李静心理很矛盾，担心向幼小的女儿道歉会从此轻视自己。但又认为父母不仅要言传，更要身教，一番思考后，鼓足勇气对女儿说："宝贝，对不起，妈妈不了解清楚就批评你是不对的，现在向你道歉。"女儿的脸开始由阴转晴，李静继续说："我和爸爸还要谢谢你整理好了书，爸爸搞乱了书，还害得我俩误会，你来想个办法惩罚他一小下，好不好？"女儿终于笑了，这个小风波算结束了。

职业女性在教育孩子的过程中会或多或少会犯下一些错误，对此，没必要在孩子面前伪装歉意，勇敢地对孩子道歉，孩子会觉得自己很有尊严，并且也会以相同的态度对待他人。身兼工作与育儿的职场女性要能真心诚意承认自己的不足，改掉错误。这样会令孩子更加佩服和欣赏。这种行为会为孩子树立榜样，当孩子有错误时也会主动承认错误、主动道歉。当然，向孩子道歉还必须讲究道歉的艺术。首先，道歉应该选择在心平气和的时候，这时的道歉既显得郑重诚恳，又容易为孩子所接受。其次，道歉要明确。向孩子道歉时，一定要说明自己做错了哪件事，说错了哪些话，同时还要说明为什么向孩子道歉，否则，容易把孩子搞糊涂，起不到应有的作用。最后，向孩子道歉要中肯，要就事论事，实事求是，既不要夸大自己的错误以取悦于孩子，也不要轻描淡写，让孩子以为是在敷衍了事。

如果从不向孩子承认自己的缺点、过失，孩子就会产生“某某永远正确而实际上老是出错”的观念，久而久之，对正确的教诲，也会置之脑后；而如果在对孩子做错事后，郑重地向孩子认错、道歉，孩子就会懂得承认错误并不是一件可耻的事，就会提高分辨是非的能力。

一天，青青妈妈一脸严肃地把孩子送到乐园来，青青的眼睛明显是哭肿了。青青妈妈刚走，张老师就上前问青青发生什么事了。青青一听老师询问，一脸委屈地抹起眼泪，说妈妈丢了钱包里的零钱，怎么也找不到，就怀疑是他偷拿了，被“逼供”一早上，也没个答案。下午放学，妈妈来接青青回家，张老师在旁边听妈妈跟青青说：“钱没丢，是姥姥拿去买菜了！”说完就要带青青回家。这时，张老师把青青妈妈叫到旁边，友善地提醒妈妈应该跟孩子道个歉。

第二天，青青很高兴地跟张老师说：“妈妈跟我说‘对不起’啦，我也原谅她了！”张老师故意问青青：“为什么原谅妈妈了呢？”

青青说：“因为妈妈很诚恳地跟我道歉了，我当然应该原谅她了，再说，妈妈工作这么忙，不是所有事情都记得住的。”

青青有轻视妈妈吗？没有。青青妈妈给孩子道歉，不但没有影响她在孩子心中的地位，反而赢得了女儿的理解，使青青能换位思考，开始体谅起妈妈工作的艰辛。所以说，认为向孩子认错、道歉就会丢面子、失威信的想法完全是杞人忧天，相反勇于向孩子道歉，对教育子女却是大有裨益的。勇于向孩子认错，这是种无言的人格力量，能影响孩子一生一世。当然有错时才道歉；无错，只是对孩子的要求，孩子一时没有达到，此时决不能向孩子道歉，否则，不仅会降低威信，还会使孩子误以为要求都是可以打折扣的，也有可能使孩子养成任性、缺乏责任感的坏毛病。

6

不要随便打骂孩子

如今很多职业女性仍然认为棍棒底下出孝子、家长打骂孩子是天经地义的事。对绝大多数家长来说，打孩子是为了孩子好。当孩子犯了错，家长希望用皮肉之痛让孩子吸取教训，改正错误，从而成长得更好。但是，暴力教育能让孩子变得顺从，不会让孩子变得聪明和懂事；能让他们变得听话，不会让他们变得自觉和上进。暴力教育能得到一些暂时的、表面的效果，但它是以儿童整体的堕落和消沉为代价的。

美国一位儿科医生曾做过这样一个研究：对 2 岁至 9 岁的孩子进行认知测试，结果发现，挨过打的孩子智力发展水平要低于没挨过打的孩子。经常挨打，还容易让孩子形成撒谎的恶习，甚至种下暴力犯罪的种子，可谓后患无穷，与家长的初衷南辕北辙。研究发现，经常挨打的孩子容易出现以下心理弊端：

第一，说慌。

有的家长一旦发现了孩子做错事，不分轻重，不问清事情的前因后果先打一顿再说。孩子为了避免皮肉之苦，能瞒则瞒，能骗则骗，如果骗得过一次，就减少一次“灾难”。又由于孩子年龄小，逻辑思维差，所说的谎言往往是站不住脚的，易被家长发现。为了惩罚孩子说谎，家长的态度会更加强硬。为了逃避挨打，孩子下次做错事就更要说谎了。如此构成恶性循环，孩子会形成习惯性说谎，并对家长的打骂习以为常。

第二，孤独。

经常挨打的孩子会感觉到孤独无援，尤其是家长当众打孩子会使他的自尊心受到伤害，久而久之会怀疑自己的能力，会自感“低人一等”，显得压抑、沉没，认为老师和小朋友都看不起自己而抬不起头，从而不愿与家长、老师交流，不愿和小朋友、同学一起玩。性格上显得孤独，不利于孩子走上社会。

第三，粗暴。

由于孩子模仿性极强，家长打他，到外面他就打别人的孩子，尤其是比他小的小朋友。家长打孩子，实际上起了教孩子去打其他孩子的坏的榜样作用。

第四，怪癖。

有的家长打完孩子以后，还硬要孩子“认错”，表明孩子是接受教育了，这样做只能促使孩子思想上的排他倾向加剧。表面上，孩子似乎是依照家长的要求去做了，实际上，抵触情绪较大。在被打之后，他会不知所措，惶惶不安，久而久之，孩子的性格会变得越来越怪。

第五，喜怒无常。

有的家长打完孩子以后，又觉得心痛后悔，去抚摸孩子挨打的痛处，甚至抱着孩子痛哭，并加倍给孩子物质上的补偿。这种情况，在开始时孩子会感觉莫名其妙，但时间一久，他也就习以为常。慢慢地孩子也开始变得喜怒无常了。

晓晴是个职业女性，育有一对宝贝儿女。晓晴人不错，但性子非常急，一急起来就会骂孩子，有时候遇到心情极其不好、孩子又不听话的时候，她还会拿小木枝打孩子的小腿，虽说这样不会对孩子造成身体上的伤害，但她忽略了心理上的伤害比身体上的伤害更可怕。晓晴的大孩子，就是因为晓晴的几次暴怒行为，变得胆子非常小，不敢一个人睡，不敢在外人面前大声说话。

每个孩子都是聪明的，他们迟早会明白，什么是对，什么是错。不管在什么情况下，不管自己有多生气，打不是教育孩子的好方法。职业女性要正确对待孩子的错误。不要粗暴打骂，或者严加惩罚，而应民主对待。父母的严厉要视孩子错误的严重程度而定，给孩子自己思考并改正的机会。人无完人，孰能无过？而我们正是在犯错与纠错中一步步成长的，不是吗？对于孩子的错，当时可以以冷处理的方式对待，过后等我们与孩子的情绪均平稳后，就孩子的错误进行分析，让他知道错在什么地方，以后该如何对待类似的事情。比如，可以常用类似的话语："妈妈知道你不是故意的，所以妈妈不会怪你，可是妈妈希望以后这种事情不要再发生。""你能够认识到自己的错误已经非常棒了，所以妈妈不会再批评你，妈妈相信你以后会做得更好。""能告诉妈妈，你错在什么地方了吗？……你觉得你以后还会这样做吗？"

职业女性不管在任何情况下都要明白，孩子只是孩子，凡事动口不动手，孩子有过错，理应批评，但其人格应受到尊重。不要因为孩子听话才爱他，不要因为他取得了某个成绩才欣赏他，更不要因为他不遂我们的心就去打骂他。爱孩子应该是无条件的，对孩子的尊重也应该是无条件的，要知道凡通过打骂能解决的问题，通过态度友好的教育也可以完成。

7

不要侵犯孩子的隐私权

每个孩子都有一颗敏感的心，父母对孩子的态度无论是写在脸上，还是“憋”在心里，孩子都能感受得到。孩子最需要的是尊重，是来自妈妈的真爱。娇惯、溺爱或责骂孩子，都不是真心爱孩子的表现。要让孩子感受到尊重，不要侵犯孩子的隐私。

某天，河北一人民法院迎来了一位特殊的原告，年仅11岁、上小学五年级的李某，要告父母未经其同意翻看他的日记，侵犯了他的隐私权。法官一番探究，了解了个中原因。原来，最近一次小考，李某的成绩下降了十几名，家长向班主任了解情况，班主任说李某上课精力不集中，常与同学说话，对其学习成绩下降的真正原因并不知道。夫妻俩回家后，趁儿子上补习班，偷偷打开了儿子带锁的日记本，发现他竟然与同班女生在“谈恋爱”。暴怒之下，夫妻俩把李某从补习班里叫出来教训了一顿。事后，他们也很后悔，向孩子认错，不料倔强的小家伙不理不睬，要到法院状告父母。

很多家长认为，孩子在自己的眼皮底下长大，对孩子严加监护，才能体现父母无微不至的关怀，殊不知这恰恰侵犯到孩子。其实，我国《未成年人保护法》第39条规定：“任何组织或者个人不得披露未成年人的个人隐私。对未成年人的信件、日记、电子邮件，任何组织或者个人不得隐匿、毁弃；除因追查犯罪的需要，由公安机关或者人民检察院依法进行检查，或者对无行为能力的未成年人的信件、日记、电子邮件由其父母或者其他监护人代为开拆、查阅外，任何组织或者个人不得开拆、查阅。”由此看来，从《未成年人保护法》实施那天起，同时也意味着要给予未成年人隐私的权利，这一点非常重要。这表示父母要尊重孩子的隐私。这就是说，当孩子上学的时候不要搜查他们的房间，不要偷看他们的日记和信件，不要背地里监视他们；允许孩子有他们自己的想法和做法，给孩子留一个独立的空间。毕竟，孩子总有一天会离开父母，父母不可能永远保护孩子，却可以教给孩子认识生活与社会的能力，教孩子保护自己的方法。家长们注重的是从小有意识地培养孩子的独立自主、经受挫折与战胜困难的能力。

未成年人由于年龄小，身体和心理尚未发育成熟，因而要受到家长的监护，但并不是让家长对孩子大包大揽。很多家长常对子女说的一句话：我们这样做，也是因为爱你，为你好啊！以此漠视孩子的隐私，其实这是很荒谬的。作为家长，侵犯孩子的隐私权有不少的危害：

第一，伤害孩子的自尊心。

孩子也是有自尊心的，同时，孩子到了一定年龄后会强烈感觉到自己的独立性，想拥有自己的隐私，也渴望被尊重。在父母看来，偷看孩子的日记、检查信件、追查电话、查阅短信、翻查书包等，这些都是小事。认为孩子毕竟还小，这样做是在关心孩子，一切都是为了孩子的成长，防止孩子走入歧途，以免孩子一步走错步步皆错。而孩子，虽然有的可能会了解父母的本意是出于对自己的爱护，但是这些行为，都是对子女的不信任、不尊重，伤害了子女的自尊心。

第二，削弱亲子关系。

大多数孩子的日记里，可能根本没有什么“不可告人”的秘密，他们写下的更多的只是自己的一些思考和心里话。如果侵犯了孩子的隐私，就会引发亲子间的矛盾，削弱孩子与妈妈的亲密关系。

第三，打击孩子的自信心。

孩子到了一定年龄阶段，都会有一种渴望独立的思想，即使做错了事，有的孩子也愿意偷偷地改正；学习落后了，也有暗自追上去的自信心。因此，职业女性应学会如何增强孩子的自信心，而不应该侵犯孩子的隐私，使孩子的自信心受到伤害。

第四，削弱孩子的自省力。

对孩子来说，他们写日记可能也是一种自省方式，因此偷看甚至宣扬孩子的日记，这种做法是不可取的。同样，孩子向父母吐露的心事也不可随意宣扬。这方面隐私受到侵犯，孩子会大大削弱自省的欲望和能力，有碍其健康成长。如果为了了解孩子而偷看孩子的隐私，往往会得不偿失。事实证明，这种做法会伤害孩子的自尊心，造成孩子沉重的精神压力，甚至使孩子产生敌意和反抗。孩子会因为自己的隐私受到侵犯而采取更极端的措施将其保护起来，把自己的心紧紧锁闭，导致与亲子关系的恶化。这样，想了解孩子就变得更加困难了。

作为家长，应该理解孩子心理的特点。也就是说，只要在一定范围内，应该允许孩子保留一些属于自己的秘密，因为没有秘密的孩子是长不大的。家长应该尊重和保护孩子的隐私权，应该信任孩子能够处理好自己的学习、人际交往等问题。如果一定要了解孩子的思想，最好通过交流、谈话等来沟通，不宜盲目怀疑，也不宜私自查看孩子的私人信息。职业女性在与孩子沟通时，要注意以下四个方面：

第一，时间。最好是经常与孩子沟通，多抽出时间陪伴孩子，让孩子真正感受到家长是关注、关心他的，他在家里是最有安全感的，孩子自然会有愿望说出自己的想法。

第二，地点。除非孩子提出有很隐秘的话要跟家长私下里说，一般不宜跟孩子关起房门严肃对话。在那种情形下，孩子一般会有被审讯的感觉，因此最好是在家里比较宽松的地方，一家人坐下来，轻松地说说话、聊聊天，既能融洽气氛，又能从中了解孩子真实的想法。

第三，内容。轻松活泼的内容主要有关于学校生活、社会见闻、家庭建设等，这些内容能活跃家庭气氛，拉近与孩子的关系。随着孩子年龄的增长，孩子的思想深度会有很大的发展，关注现实社会、关注自我价值等方面精神需求会越来越明显。这时，应多与孩子讲述父辈们的人生经历，阐明你的人生哲学，探讨人生价值和生命意义等。

第四，态度。最好是感同身受、心平气和。要把自己当作孩子，去感受他的感受，体验他的体验，只有这样，才能真正理解孩子。同时沟通时一定要先心平气和，如果孩子出现了某些很让人生气的问题，最好将问题先放一放，等大家都比较冷静的时候再解决。

8

惩罚孩子有学问

家庭教育在孩子的成长过程中非常重要。在孩子出现问题时，惩罚是一门家教艺术，惩罚能否达到预期的效果，关键是看职业女性能否使用得当。在日常生活中我们都有这样一种经验，对绝大多数孩子来说，只需要用自己的言语或行动向孩子表示一点点哪怕是极其微小的不满，孩子都会觉得是对他的错误的惩罚，从而自觉改错。因而现代教育心理学认为，惩罚包括间接的和直接的批评。给孩子使个眼色、对他的行动加以限制、扣留他喜欢的东西、没收他的玩具，甚至在吃饭时减少他爱吃的菜肴或者让他穿一件旧衣服等都是惩罚的手段与方式。

小杰仿佛天生就是个做事比较拖拉的孩子，不管什么事情，总要拖到很晚才会去做。上了小学还是这样，妈妈开导他好多次，收效都不太大。有一次，妈妈的一个“小惩罚”，让小杰改掉了这个坏毛病。

那是一个国庆节，放假前，妈妈一直没有告诉小杰这个节怎么过。因为假期较长，所以小杰根本没打算先做作业。过了两天，妈妈突然说：“最后两天我们去海边玩，在那里可没法做作业，你要么明天把作业做完，要么就不去。”小杰很着急，只有一天的时间，为了能去海边，他只好整天都呆在家里写作业，忙活了一天才完成，然后开开心心地去海边玩了。

在教育孩子时，不要赏罚不分，该罚孩子时，就要严厉惩罚；该奖励孩子时，也应该好好表扬孩子。只有在这种明确的态度下，孩子才会知道什么是对、什么是错，这样孩子们以后做事就会更加有原则。因此，职业女性要掌握以下惩罚学问：

第一，适量惩罚。惩罚孩子的目的是为了引起孩子的良性转化，那么惩罚的“量刑”就必须合乎孩子的行为。惩罚过重容易引起孩子的对抗情绪，太轻了又不足以使孩子引以为戒。因此惩罚孩子要以达到目的为原则，既不能轻描淡写，又不能滥用“刑罚”。

第二，父母要配合。父母教育孩子要相互配合，态度一致。该奖时就要郑重其事地奖，让孩子体会到受奖的喜悦；该罚时也应态度明确、措施果断，让其真正知道自己的错误。只有这样，才能培养孩子明辨是非、知错即改的品行。如果在对孩子实施惩罚之后，父母中的一方认为孩子受了委屈，随即用钱物或食品来安慰他，这将会使惩罚失去作用。

第三，莫拿孩子出气。在心情不好时容易把自己恶劣的情绪转到孩子身上，后果往往不堪设想。一来孩子无过受罚，家长小题大做，会使孩子感到有失公理。二来如果此时父母再因不能自制而使惩罚升级，往往会激化孩子的反抗情绪。因此，切勿在自己心情不佳时惩罚孩子。

第四，不要讽刺挖苦。惩罚孩子不应该讽刺挖苦，更不能自持“孩子是我生的”而随意指责谩骂。这会刺伤孩子的自尊心。因此，做父母的应该牢记自己惩罚孩子的目的是帮助孩子改正错误，决不能为了图一时嘴巴痛快而去刺伤孩子的自尊心。

第五，不要啰嗦。有些家长喜欢没完没了教训孩子，孩子慑于家长的威严，为了免受皮肉之苦，只能别无选择地说“听见了”，其实他可能什么都没听进去或者根本就没听。于是，当孩子下次再犯同样的错误时，家长便说孩子“不把我的话当回事”，说孩子“不听话”。其实这并非孩子不听话，而是父母的唠叨太多了；另外经常性的唠叨，也会导致孩子耳朵“失聪”，使教训失去效果。因此，职业女性在教育孩子时务必改掉爱唠叨的毛病，凡事点到为止。

眼下，随着家庭教育知识的日益普及，“重教轻罚”已成为广大家长的共识。在人们的潜意识中，惩罚是打骂的代名词，因而常常在报刊上见到少数家长对孩子罚站、罚跪、罚饿，甚至虐待孩子致死的报道，这些家长便是对惩罚缺乏正确的理解和把握。教育心理学家认为，惩罚的方式多种多样；打骂只是其中的一种，是惩罚的极端性行为。错用、滥用惩罚以致不负责任地对孩子的肉体和心灵施暴，会加重孩子的逆反心理，长此以往就会使惩罚失效，导致最终“管不住孩子”；而适当、适时的、科学的惩罚却能对孩子起警戒作用，促使孩子改正错误，从而收到以罚助教、以罚代教的效果。

9

做孩子最知心的朋友

家长是孩子的朋友，也是孩子的老师。和孩子的交往，需要家长选择一个正确的位置，也就是需要选择一个合适的身份。不论在工作中如何雷厉风行，回到家中在孩子面前，只需做慈爱妈妈，除了为他们提供生活学习的必需品，更重要的是做他们最知心的朋友，为他们给予心灵的呵护，让他们在生活和学习中保持愉快的心情和良好的状态。不过，要成为孩子的朋友，说起来容易做起来难，首先还是调整心态的问题，具体来说，应该做到以下三点：

第一，和孩子保持一样高度。和孩子交朋友，就必须把自己放到和孩子一样的高度去看待问题，思考问题。从孩子的眼光去发现问题，进而找到解决问题的途径和办法。只要走进孩子的世界，孩子才能接纳你的意见和建议。仅靠传统的压制、灌输与教训是无法达到理想效果的，相反会激发孩子的逆反心理和情绪，或者是表面的顺从；和孩子保持同样的高度，才能了解孩子看待问题的视觉和态度，才能做到因材施教、因时施教、因事施教。

第二，走进孩子心里。现在孩子们的内心世界非常丰富，其复杂程度超出大人的想象。如果不了解孩子真实的想法，教育好孩子就非常困难。因此，不管父母还是老师，都必须设法走进孩子的心里，成为孩子信赖的朋友，孩子才能从心里接纳你、信任你，才能够把自己的真实想法和遇到的问题告诉你。做父母的才能够及时用正确的方法和方式引导孩子、教育孩子，孩子也才能够乐于接受。

第三，为孩子出谋划策。孩子在学习、生活以及对外交往中，总会遇到这样和那样的问题，有时候孩子会因此而感到很郁闷甚至无所适从。要及时捕捉孩子的变化，让孩子把遇到的问题主动说出来，及时向孩子表示同情、安慰或者支持；对孩子做错的事情，要和孩子一起分析犯错误的根源，如果责任根源在大人身上，大人也应该勇于承认错误，和孩子一起改正；对孩子在人际交往或学习上遇到的问题，要为孩子出谋划策，帮孩子找到解决问题的办法和途径，使孩子能够树立信心、富有爱心、培养责任心，逐步养成独立思考、独立处世的能力。

强强是个倔强的孩子，只要自己认定的事情，都会坚持到底。此外，强强还有一个特点，就是犯了错误时，明知道是自己的错，但如果父母采用强硬的态度，强迫他如何去做，他绝不会听从。强强的父母对孩子不正确的言行举止，从不采用命令的口气让孩子改正，也不采用强迫的方式，而是通过与孩子心平气和的交流，引导孩子认识到自己错在哪里，使孩子自觉自主地改正缺点和错误。因此，虽然强强性格倔强，但由于父母有与孩子做朋友的心态，对孩子进行引导而不是命令，强强也成了一个温顺听话的好孩子。

如果父母用对待朋友一样的温和方式，对孩子循循善诱，一步步地进行引导，孩子也能体会明白父母的好意，乐于接受父母的教导，从而变得越来越优秀。可见，职业女性和孩子做真正的朋友，不是让他知道你能给他什么，而是让你知道孩子需要什么？如果你在孩子三岁以前，每天花两小时陪他一起游戏；如果你在孩子七岁以前，每天花一小时陪他学习；如果你在孩子十岁以前，每天花四十分钟和他一起聊天；如果你在孩子十岁以后每天花二十分钟分享他的心事，你还会觉得孩子很难教育吗？你还会觉得你们之间无法沟通吗？当然不会！因此，如果你想让你的孩子成为一个体格和思想都健全的孩子，不妨试着和他交朋友，然后做他最知心的朋友，和他一起分享成长的快乐！做孩子最知心的朋友吧！当他快乐时，拍着手和他一块歌唱；当他苦恼时，用手抚平紧皱的眉头；当他自卑时，牵着他的手走进阳光里。更重要的是，当他有自己的意愿，并能坚持自己的立场时，给他最诚挚的接纳，也许这才是孩子最需要的。所以，放下高高在上的姿态，学会平等地与孩子交流，做孩子的知心朋友，这样才能赢得孩子的信任。

第八章　呵护自己，关爱身体：优秀职业女性疼爱和抚慰自己的智慧

职业女性只有照顾好自己，才能更好地去爱别人。你若不爱自己，谁会来爱你。女人爱自己，必须要先接受自己、包容自己、相信自己、欣赏自己。职业女性应该拿出一点点时间来爱自己，爱自己的容颜，爱自己的身体，唯其如此，生活才能多一份信心与勇气，成功与幸福才会永远相伴。

1

你若不爱自己，谁会来爱你

爱自己，才能爱别人，这将是当代女性最流行的口号。爱，是人的一种天性，是一种能力，职业女性先学会爱自己，才有可能去爱另外一个人。你若不爱自己，又有谁会爱你。人生的路上，每个人都注定要爱很多人。这很多人里有骨肉相连的亲人，有志同道合的朋友，还有真心相爱的人。智慧的职业女性，在爱别人的同时，也会爱惜自己。

职业女性爱自己，必须要先了解自己、相信自己、欣赏自己。爱自己并不表示自怜、自恋，而是接受自己，包容自己的缺点；鼓励自己，并时时激励自己将深藏的潜力开发出来；展示自己，尽量把自己的优点、特长在更多的人面前彰显出来。爱自己，才会在任何时候都不伤害自己。情场失意、事业受阻只会带给我们短暂的失意低落，我们不会因此类原因而堕落或放纵。我们爱惜自己，知道良好的健康状况对现代人的重要。我们积极地参与健身运动以保持自己良好的身材，我们不会吝惜花在保养容貌及身体上的金钱与时间。我们有着良好的生活习惯，抽烟、饮酒、通宵达旦地宴饮狂欢都不会发生在我们身上。

职业女性爱自己，必须不追求完美、避免争强好胜。追求完美、争强好胜会给自己带来更大的压力，曾几时，努力做模范妻子，尽力做最好的母亲，陪着孩子学这学那……可是这样做的结果会怎么样呢？紧张得让自己身心不宁，脸黄、眼圈黑。越是追求完美越看不到希望，以至于损害了自己的幸福和健康。

职业女性爱自己，必须善待自己、宽容自己。善待别人、宽容别人是美德，而善待自己、宽容自己更是我们这些女人应该具备的一种素质。舒缓而放松的人生才是精彩的人生。下班回家累了，可以不马上做饭，把脚垫高，闭目休息15分钟再开始，也许当晚的饭会晚一点，但我们会很有精神，饭吃得香，心情好，与丈夫、孩子的谈话十分投机，家里的气氛格外好，15分钟的放松换来这么多的好处，值得；哪天不舒服了，彻底躺在床上休息，别管家里乱不乱，脏不脏，享受享受孩子的服侍，也享受享受丈夫的晚餐；天气冷了，暖气还没有来，给自己买一扎粉红或是桃红的玫瑰，放在家里，看着就会感觉暖和了。

职业女性爱自己，必须学会发泄自己的不良情绪。女性的情绪都有周期变化，心烦意乱的事情谁都经历过，比如有些女性多数的时候很坚强，不会轻易掉眼泪，可在某一段时间里眼泪总想往外涌。对此，不把这种不好的情绪带给别人（包括家人），哭完了擦擦眼泪洗把脸，学会笑对接下来的日子。

职业女性要爱生活，爱自己！爱是无私的，无私到可以为家庭、为社会、为他人付出自己的全部：作为职业女性，整日为工作而忙碌；作为家庭主妇，天天为生活而操劳；作为女儿，肩挑责任，陪伴双亲，安抚老人；作为母亲，饱蘸心血，如痴如醉地诠释着母爱。在这无怨无悔的付出中，岁月一天天流逝。因此，优秀的职业女性应该拿出一点点时间来爱自己，爱自己的容颜，也要爱自己的身体，唯其如此，生活才能多一份信心与勇气，少一份无奈与孤独。

总之，职业女性只有照顾好自己，才能更好地去爱别人。我们从今天起，做个简单的人，不庸人自扰，不沉溺虚幻，用心爱我们自己。

2

善待自己，别让自己太辛苦

生命只有一次，既然只能活一次，优秀职业女性就要宝贝自己，善待自己，不要自己折磨自己。

优秀职业女性要不断地提升自己的生命质量和生活品位。交友、运动、写作、旅游等以及展现自己的独特魅力、品位与格调，热爱生活，热爱生命，都是提升生活质量的具体表现。优秀职业女性要为自己保留一份容颜和体形，更要提高自己的知识技能，为自己留出一些时间空间，给自己一个放松的机会，干自己该干的事。

人人都很愿意牺牲当下，去换取未知的等待；牺牲今生今世的辛苦钱，去购买后世的安逸。其实，我们应该当自己有足够的能力善待自己时，就立刻去做。因此，职场女人别让自己太辛苦，就应该学着想开、看淡，学着不强求，学着深藏。学会适时放松自己，宣泄自己，给疲惫的心灵解解压。人之所以会辛苦，就是常常徘徊在坚持和放弃之间，举棋不定。生活中总会有一些值得我们记忆的东西，也有一些必须要放弃的东西。放弃与坚持，是每个人面对人生问题的一种态度。勇于放弃是一种大气，敢于坚持何尝不是一种勇气，孰是孰非，谁能说得清、道得明呢？如果我们能懂得取舍，能做到坚持该坚持的，放弃该放弃的，那该有多好。人之所以会觉得辛苦，就是追求的太多。人生在世，不可能事事顺心。明知道有些理想永远无法实现，有些问题永远没有答案，有些故事永远没有结局，有些人永远只是熟悉的陌生人，可还是会在苦苦地追求，等待，幻想。其实辛苦并不是别人带给你的，而是你自己的修养不够，没有一定的承受能力。你硬要把单纯的事情看得很严重，把简单的东西想得太复杂，那样你会很累。学会放下，放下一些所谓的思想包袱，坦然面对一切，让一切顺其自然，这样你才会让自己轻松自在。

善待自己，是一种固然的珍视本能，是一种坦然的重视精神，是一种纵然的注视情愫，是一种欣然的审视细节。生活犹如万花筒，喜怒哀乐，酸甜苦辣，相依相随，也许真的不必太在意，人生本如梦，要学会看淡一切，看淡曾经的伤痛，好好珍惜自己，善待自己，珍惜上天赐予的点点滴滴，让自己的心中永远有一片阳光照耀的晴空，把眼前的痛苦看淡，或许痛苦之后就是幸福。没有人不想幸福快乐地生活，然而现实生活不尽如人意，我们经常不能左右幸福，因为痛苦烦恼总是不期而至，面对痛苦烦恼我们也许无法逃避，但我们可以选择善待自己。

有人说，生活是一种享受；有人说，生活是一种无奈。其实，生活有享受也有无奈，有欣慰也有困惑。生活就像一枚青果，你含在嘴里慢慢品，细细嚼，便有诸多滋味在你舌尖蔓延，也甜，也酸，也苦，也涩。漫漫人生旅途中，也许感到疲惫，也许有些沉重，但只要有一份美丽的心情，就会觉得欣慰，就会充满自信。优秀职业女性好好地珍惜自己，尽情地拥抱生活，虽然辛苦，也会咀嚼出甘甜与芬芳的神韵！让我们珍惜每一天，善待自己。下面有几种简单的善待自己的方法，或许能使你的生活状况有所改变。

（1）在节假日的时候，把时间概念看得模糊一些，不用太在意时间；

（2）尽量做到不一心二用，比如，吃饭时间不看报纸、不读文件；

（3）说话时尽量放慢速度，渐渐地养成习惯。这样不但能消除精神紧张，还能令你的言辞缜密；

（4）走路时不要风风火火，开车时不要跟人斗气，着急并不等于高效率；

（5）合理安排作息时间，做到劳逸结合。在学习和工作一段时间后，适时休息一段时间，使身心得到放松；

（6）闲暇的时候，多跟朋友、同事聊聊天，适度地宣泄一下积压在心中的不良情绪，有张有弛才不会感到“活得太累”；

（7）闲下来的时候，听听喜欢的音乐，翻阅几页好书，睡个懒觉。

3

不论多忙多累，都不要迷失了自己

生活中，常常有人感叹：活得真累。那些喊累的人大多是因为精神上的压力太大，心里的负担太重。如果一个人总是觉得心累，他就会陷入亚健康状态，精神不振。其实，生活本身并不累，它只是按照自然规律、按照它本身的规律在运转。觉得生活太累的人，都是因为自己浮躁的生活方式让自己活得累。尽管生活压力重重，有时候甚至压得你喘不过气，但你仍然可选择更愉快的方式生活下去。因此，职业女性不论多忙多累，都不要迷失了自己。

小米花了很长时间寻找工作，但一直都没能成功——最起码，没能找到她想要的那种工作。事实上，她之所以开始找工作，是因为现在这份工作让她感觉非常迷茫——无论在工作中被对待的方式还是周围人的工作状态，都让她觉得自己不快乐。所以小米认为是时候跳槽了，该去找一份更理想的工作。但是，经过一番寻找，她发现几乎所有的工作都跟现在这份工作差不多，于是小米开始思考：自己现在究竟身处何方？是否有能力来改变现状？

“究竟是什么让我感到不快乐呢？”小米仔细地思考了这个问题，打算做点什么来改变一下这种状况。可是不行，她不可能让每个人和每件事都按照她的意愿去改变。她终于意识到自己根本没有能力去改变其他任何事情，能够改变的只有她自己的浮躁心态。

在我们的心灵深处，总有一种力量使我们茫然不安，让我们无法宁静，这种力量叫浮躁。浮躁就是心浮气躁，是成功、幸福和快乐最大的敌人。职场女性大多同时扮演着员工、妻子、母亲等多个生活角色。与日俱增的工作压力、越来越快的生活节奏，令她们不堪重负，每天让自己精神高度紧张、无法放松下来，就会感到累，行为浮躁。从某种意义上讲，浮躁不仅是人生最大的敌人，而且还是各种心理疾病的根源，它的表现形式呈现多样性，已渗透到我们的日常生活和工作中。可以这样说，我们的一生是同浮躁斗争的一生。现代社会中，由于迫于生计，让奔忙在喧嚣都市生活中的我们感到心浮气躁。尤其是在职场上，为了让自己能过更好的生活，往往存在着急功近利、好高骛远、一口吃成个胖子的思想，这些都是浮躁的表现。比如，我们常常坐卧不宁；我们常常心不在焉；我们常常没有耐心做完一件事；我们常常计较自己做得太多，得到的太少；我们常常感到身心疲惫……浮躁带给我们的是什么？是没有耐心，是朝三暮四，是浅尝辄止，是患得患失，是焦虑不安，是急于求成……无论是为人，还是做事，如果沾染了浮躁，不但解决不了问题，还会陷入盲区，导致新问题的发生。所以，我们要学会满足，学会踏实做事，学会不浮躁，让自己的身心都处于一种宁静祥和的状态，真正静下来感受自己的心跳，静静地聆听来自遥远世界的天籁之音，去触摸我们灵魂深处的宁静……

浮躁是一种情绪，一种并不可取的生活态度。人浮躁了，会终日处在又忙又烦的应急状态中，脾气会暴躁，神经会紧绷，长久下来，会被生活的急流所裹挟。凡成事者，要心存高远，更要脚踏实地，这个道理并不难懂。职业女性不论多忙多累，都不要浮躁，不要迷失了自己。茫茫人海，社会的纷繁复杂，世界的诱惑重重，这些都会让我们迷失自己，忘却最初的自己，忘却自己之所以出发的最初动力。可见，浮躁是人生最大的敌人，无论你要获取幸福快乐，还是要获取成功，你都必须要拭去心灵深处的浮躁。

4

真喜欢一件东西，就买给自己

当今社会向女人提供了很多经济独立的机会，“自己赚钱买花戴”是职场女人的自觉。

做个独立的女人，经济独立，人格独立。自己努力买到的东西，用起来也很好，心里的喜悦和别人的赠予是不同的。

常虹本来是有自己的工作的，不过在怀孕期间，丈夫心疼她，让她辞去工作，做了家庭主妇。但在孩子3岁时，她和丈夫发生了一场大战，起因是她想把家里的钱做一份理财计划，以避免将来出现不工作就失去经济来源的窘境。

丈夫却不顾她的建议，私自决定买了一部轿车。她丈夫想法很简单："这是我挣的钱，我有权决定怎么花。"

儿子上幼儿园后，常虹抛掉家庭主妇的身份，又投入到工作中去了。每当和丈夫发生经济上的争执时，她都会学着丈夫的口吻说："我挣的钱，我有权支配。"甚至把两个人的收入和支出单独做了账单，实行AA制。丈夫说不出一点反对她的理由。

谁有经济能力，谁能支撑生活，谁就有话语权。这在某种程度上，是有一定道理的。所以，职业女性一定要及早摆脱"好女人不该对钱太精明"的观念。应该明白，钱虽然不可以买来一切，但常常可以买到尊严和自由。如果你想活得有尊严，必须在经济上独立。如果你在经济上独立了，说明你有能力；如果有能力，说明你没必要再去靠男人。一个经济独立的女人，才是潇洒、美丽的。

女人的独立既包括经济上的，也包括精神上的。根据唯物论的观点，物质决定精神，一般来说，只有经济独立才可能实现精神独立，所以只有经济独立的女人才有尊严可言。即使你现在还没有经济独立，但起码要有赚钱养活自己的能力，这是一个女人想要生存所必须拥有的能力。

李莲家庭条件不好，但她人长得很漂亮，上班没多久就和一位"富二代"结婚了。婚后，丈夫对她说："你每月就赚那么点钱，不如在家当个全职太太，把我伺候好就行了。"

李莲听后，欣然答应。她从心底里讨厌上班。让李莲想不到的是，照顾丈夫的日子比上班还不好受。丈夫总是嫌弃她做的饭菜不好吃，经常在外边吃饭，有时还夜不归宿。

独守空房的李莲心有怨言，可又不敢提出来，毕竟她现在吃的、住的、用的花销，全是丈夫提供的。

有一次，李莲看到丈夫和一个年轻女子在大街上亲密地逛街。她再也忍不住了，冲上去问丈夫对方是谁？丈夫冷冷地说：“我和谁在一起还用和你说吗？你靠我养着，有什么资格查问我。”

丈夫的话让李莲难过，可她却不敢反驳。她心里明白，丈夫的话虽然难听，但说的却是事实，离开丈夫，她是无法养活自己的。想到这里，李莲忍了下来。让她难过的是，丈夫看她软弱可欺，对她轻则冷嘲热讽，重则还会对她拳打脚踢。

她现在最担心的是，丈夫向她提出离婚。有人劝她找份工作。她叹一口气，说：“我都好几年不工作了，都和社会脱节了。再说了，我一结婚就不工作了，一直靠着丈夫养着，还有我娘家，上次我父亲突然生病住院，我手头没一点钱，那几万块钱也是丈夫给垫的。我现在就盼着丈夫同意我怀孕，只要我生个儿子，在家里就有地位了。”

李莲之所以在家庭中没有地位，在丈夫面前没有尊严，是因为她缺乏自尊、自重、自强与独立。女人的美丽有多种，但是独立的女人最美丽。独立的女人有自己的工作，有自己的事业，虽然不一定轰轰烈烈，但是每天很充实。独立的工作使她们有独立的经济基础，不再依靠男人的怜悯和施舍，使自立、自强、自尊、自信有了足够的物质基础，不再是空话。一个没有工作、没有收入的女人，即使有美丽的容貌也无法改变自己的弱势困境，精神上的空虚使她很无聊，物质上的贫乏使她仰人鼻息，只能沦为男人的附属品。

可见，职业女性经济上的独立也可以丰富我们的内心世界，使我们的精神更加充实，使我们更自由、更有尊严，让我们意识到能够养活自己，不必看任何人的脸色，也不必依赖任何人的施舍。这种自主的意识是任何一种享受都不能够代替的。事实上，只有经济独立了，女人才能真正实现自主，不用仰人鼻息、看人眼色地生活，这样我们才能活得更轻松、更有尊严。

5

关心自己的衣橱，每天给自己一个最美丽的装扮

女人都是服饰大师，因为我们都懂得美丽的服饰胜过一切。生活，不能没有艺术。而服饰艺术无疑在这一时代首当其冲，服装潮流后浪推前浪地迅猛发展，服装的表现内容和表现风格的丰富，服装款式的更新更加高速化。而优秀职业女性是应该站在潮流的最前端的。走在熙来攘往的人群里，打扮时髦的女人，漂亮新潮的穿着会使人眼前一亮，一些高雅脱俗的装扮令人心旌摇荡，职业女性懂得穿衣技巧之后，就会增加自信。

郑爽是一家时尚杂志的编辑，浑身上下都散发着让人迷醉的美丽，哪怕是一个眼神，一个动作，都是优雅万分的。她所在的杂志社有很多容貌漂亮的女人，她们不惜一掷千金，买下成堆的美容品和昂贵衣裳，办了一张又一张的健身会员卡，可在多数人眼里，衣着普通的郑爽才是最漂亮、最迷人的。

为什么她能够如此高雅迷人呢？原因就是她会穿衣打扮，虽然她的衣服不是名牌时装，但是她会根据自己的发型、肤色、身材以及气质来穿衣服，这么一来，她不但能让衣服为自己的形象加分，还会让衣服把自己的缺陷穿出另一种美来。难怪有人称她是“千面娇娃”，因为她“无论穿什么衣服、梳什么发型”，都让她有一种“新鲜、独特的美”，有一种“高雅气质”。

俗话说“衣服是女人的第一张名片”。大方、得体、颜色相宜、优雅、端庄的打扮不但能为悦己者容，而且还能透出女人高贵的气质和个人魅力。一身典雅、端庄经典的职业装，一身时尚、大方、自然的休闲装，都能使女人的美发挥到极致，并能呈现出女人独特的自信、成熟和品位，同时也反映了一个人的内心世界，品格和修养。每一个女人都是一件艺术品，每一件衣服都是女人心中一份永远的快乐。

职业女性得体的服装代表着自己的形象。懂得打扮得体的女人，是聪明的女人；善用打扮得体的女人，是智慧的女人。在我们生活中往往有这样的例子：有很多女企业家，她在企业里顶天立地，一声令下大伙都佩服。但是当她真正要出席重要场合的时候，就会在头一天晚上准备很长很长时间，家里的每个角落都堆满了衣服；最后选出一身衣服，第二天穿到那个场合里，却觉得哪都不自信，恨不得把手也藏起来，脚也藏起来。我想这样的情况每个人可能都有。大家想想，这么优秀的女人，也会那样缺乏形象自信，其他的女人怎么会不是这样呢？如果你是一个女人，如果你是一个公司的老总，你的穿戴就是公司最好不过的说明书了。“公司文化就是老总的文化！”如果你看起来不像一个企业老总，就不要困惑你的公司为什么不能够出类拔萃，就不要责备顾客不信任你们的产品。你的外表在告诉别人：“我的公司不追求卓越，我不追求品位，就像我们不在乎自己的形象一样。”可见，穿着打扮是不可忽视的一点，职业女性的形象价值不可低估。爱打扮的不等于会打扮，有钱的不等于会欣赏，女人的穿衣原则：

穿最适合你的衣服。所以，职业女性一定要重视自己的服饰、发型、妆容等等。那么职业女性如何打扮自己才最美呢？女人的体型分为A、H、O、X四大类型，你要想知道穿什么样的衣服好看，先要明白自己的体型属何种类型，然后根据体型来选择与自己相适应的服饰，使你的独特魅力发挥出来。

A型身材的女人：脸形多为鹅蛋圆形、心形或梨形，臀部和大腿较肥大；腰部有清晰线条，但较短。A型身材的人穿衣服要注意，不要穿质地柔软贴身的长裙或直身裙，这类衣服会暴露较大的臀部；多穿有垫肩的上衣，这样能平衡较大的下肢；长裙的装束能使身材看起来均匀，近乎纤瘦；束腰的长裙和皮带可强调腰部；不适宜穿贴身的毛衣，因为它会突出肥大的臀部，如果穿时应佩戴饰物，以分散注意力。

H型身材的女人：脸形多属于方形、长方形、圆形或椭圆形，腰部生得高而不太明显，四肢看上去略为纤细。这种身材是许多女人梦寐以求的，因为这是国际时装模特的标准。拥有H型身材的人，最适宜穿流线感重、稳重端庄的服装式样。一些肩膀设计夸张，能表现臀部和大腿，而又明显分出腰部的款式，最能突出这类身材的优点。穿衣时应尽量突出腰部，给人腰部纤细的感觉，可采用弹性腰带来束腰以加强腰部线条。连身长裙，则最能尽显优美修长的身段；长而束高腰的衣物（服），不但突出腰部，还能显现修长的美腿。高领的硬身恤衫可掩饰较短的颈部。呈菱角、方形或棱条的衣物，同样能够显现H型身材的优点。此外，H型的人腰部较高，颈较短，加上背部至脊部的这段距离肌肉组织较丰富，容易给人一种腹部凸出的感觉；所以这类身材的人走路时，切记尽量抬高头部，做出挺胸收腹的姿势。

O型身材的女人：身材较浑圆，腿部线条非常优美；面部多属圆形或梨形，下巴和面颊较圆润，颈部较短，没有明显的腰肢，臀部扁平，手臂结实。一旦穿连身的长衣服会给人一种吹胀了的气球般的感觉，所以穿衣时要特别留意。直身裤和松身衣的装束，能突出腿部优美的曲线，给人一种修长的感觉。忌穿贴身的衣料，这会令丰厚的背部表露出来，背心式的宽外套和蝙蝠袖的衣服会加宽和加重背部负荷。多穿有流苏装饰的衣服，能令视觉呈垂直感，此外单一色调的衣服，令人有整体感。总之，O 型身材的人应穿强调肩部和令臀部不会有紧绷感的衣服式样，这样可使身材看起来窈窕修长。

X 型身材的女人：面部呈鹅蛋形、长方形、心形或椭圆形，下巴线条优美；颈部则纤细、多肉、柔软，肩部较圆润；胸部非常丰满且富有曲线，腰部明显且纤细；臀部圆润多肉，走起路来十分婀娜多姿，大腿圆润细长且匀称。此身材最宜展现女性独有的温柔与妩媚的魅力，堪称得天独厚、完美无瑕的身材。但也要穿着适宜，才能更好地展现自己的玲珑身段。X 型身材的女性应尽量强调腰部的线条，多使用腰带，这样可以加强腰部效果。少穿深色或式样累赘的上衣。质地柔软贴身的连衣裙、两件针织裙能强调浑圆的臀部，而且有助于展现均匀的上、下身段。露背的衣服可展现出优美且具弧度的背部线条。

总之，职业女性要学会如何穿衣打扮。一定要根据自己的职业、体型、选择适合自己的服饰，穿出个性、时尚、美丽，打扮得更得体、更漂亮。

6

给自己的爱好留一片天空

人生快乐的境界是“做自己喜欢的事”。优秀职业女性抽点时间出来做自己喜欢做的事情，给自己的爱好留一片天空，这也是爱自己的一个方式。也许在求学时代，你有一些美丽的梦想，那么现在就给自己一些空间和时间，去实现它们吧，这样你会很快乐，很幸福。比如，你喜欢忙碌，当有一天你的作品变成了铅字，大家喜欢看你文章的时候，不管你多么老，不管你是不是还在厨房忙碌，在人们的心中你都是美丽的，在你的心中，你也会觉得自己是可爱的。即使你成不了什么大作家，一辈子也出不了名，最起码你做了一件自己喜欢做的事情，而且在做的时候，你是快乐的。

亚玲已经快 40 岁了，但仍然对生活充满热情，前几年她迷上了油画，因此特意拜了一位老师学习。她的工作也不轻闲，可是她还是一直坚持每周去老师家学习一次绘画，平常有点空余时间的时候自己在家也会画一画，颇为用心。

她跟她的朋友们说：“从前就想学画，很喜欢，可是没有条件，现在有条件了，一定要学一学，今生才没有遗憾。”

如果以我们的偏见，她应该是一个任性、不计后果的女人，可是，她的家庭非常幸福美满。她和先生的感情很好，她的孩子也很听话，她比更多的女人都知道如何打理自己家里的生活，如何使自己和家人生活得更加舒适。她学习油画，刻意栽培自己的特长，只是圆自己的心愿，不想让自己的人生留有遗憾。

亚玲在学习了一段油画后，特意为自己的小家画了几幅，装裱好了挂在墙上，用自己的作品装扮自己的家别提多带劲了。而她的同事、朋友再去她家的时候，发现了挂在墙上的画竟是她自己画的时候，都对她充满了敬意，而她在朋友们心中的形象则变成了多才多艺。有一次，她们单位举办一个书画艺术展，她的作品还获得了一个奖项，她在单位的名气也逐渐大起来。因为学画画，她也认识了不少趣味相投的朋友，有的时候，她们在一起学画，还可以相互切磋一下技艺，相互品评一下对方的画作，生活一下子多出了不同的味道，亚玲的生活也变得更加多姿多彩。

一个女人的美丽，不是无根之水，所以职业女性需要一些精神物质上的粮食来吸取营养。一个能得到多方面艺术滋润的女人，一定是一个美丽的女人。一个人能够流露经久不衰气质的不是别的，而是她的个性。个性里面蕴含着每个人的独有色彩。正如罗兰所说"应该珍爱自己形体的缺陷，与其消除它们，不如改造它们，让它们成为惹人怜爱的个性特征。"渴求个性，是这个时代的呼唤。个性，才是美的真正体现，才能展示一个真正自我的不同与价值所在。因此，职业女性适度表露自己的艺术个性，是一种人性的解放，是一种理性的选择。

就像人们常说的："爱爱你的人如同爱你自己。假使你不爱自己，又怎么爱别人呢？"的确，女人可以无私到爱任何人，但一定要先学会真心地爱自己。因此，优秀职业女性要培养自己的兴趣，充实自己。当你选择好了你所感兴趣的东西时，它会时时给你快乐，并引导着你走向充满希望、富有创造性的未来。因此，职场女人一定要对自己高雅一点，培养正确的兴趣爱好。如：

（1）看看书。

有素质、有内涵的最直接表现是"爱看书"。如果你没有看过《泰戈尔诗集》，那也该知道美丑善恶对比的《巴黎圣母院》；如果没有看全四大名著，最起码要看一遍《红楼梦》；张爱玲的作品你要略知一二；金庸、古龙、夏露蒂·勃朗特也要皆有涉猎；听经讲禅你要静得下心。"腹有诗书气自华"，美丽时尚的你走在有厚重感的书架前，魅力无法阻挡。

（2）听音乐。

音乐是一种能唤起人类心里某种感官共鸣的声音。有时，它可能就只是勺子敲碗的声音；也可能只是一段海浪的击石声；或者它就是一串哭声、笑语。这些都是依每个人的性格、喜好、心情等各方面因素决定的。音乐又分为很多种，古典音乐、流行音乐、爵士音乐、混合音乐、摇滚音乐、地下音乐、嘻哈音乐等。对音乐的欣赏，是依每个人的喜好决定的。能听得懂贝多芬、莫扎特、肖邦这些著名音乐家的音乐的不一定就是一个专业的音乐人，而往往是那些与之有过同样经历的普通人。音乐是通过人类思想及感情创出的另一种表达方式。每一个音符都包含了作曲家强烈的情感。所以，只有用心去倾听，才能真正了解到音乐的真谛。

（3）看电影。

看电影是一种情趣。看电影的兴趣最好广泛一些：儿童片、动画片、艺术片、科幻片、战争片等。最低限度要看一些像《魂断蓝桥》《宝莲灯》等妇孺皆知的电影、动画片。

（4）玩乐器。

纤纤玉指在琴弦上翩翩起舞，柔荑细细拨弄乐器，这样的女人是美丽优雅的。如果你一样乐器都不会，建议抽空去参加能体现女性柔美气质的乐器速成班，钢琴、箫、笛子、古筝、琵琶都是上上之选。

7

精心保养身体，维护自己的健康

世界上没有什么比健康更重要，健康是最大的资本。有一句话说得好：健康是 1，其他的，比如财富、名望、地位、家庭等都是跟在这个数字后面的若干个 0，有 1 在前面，后面跟的 0 越多证明你拥有的越多；但如果

1没有了，即使再多的0聚在一起也还是0，还是空，还是一无所有。对于职业女性，尤其如此。因为美丽来自健康，成功源自健康，幸福也是因为健康！

有一个年轻人，总是抱怨自己太贫穷，命运不济。他常常自怨自艾地说："我要是能有一大笔钱该有多好！那时候我就可以舒舒服服地生活。"

这时候，有一位老人从他身边走过。听了他的话，老人问道："你为什么要抱怨呢？你已经很富有了啊！"

"我有什么财富？"年轻人困惑不解，"我的财富在哪里？"

"那好，我现在出50万，请你把你的眼睛卖给我，可以吗？"老人说。

年轻人慌忙说："你在说什么？我的眼睛是多少钱都不会卖的！"

老人又说："那么让我砍掉你的双手吧！我一样会给你50万……"

"你疯了吗？你给再多的钱我也不会让你砍掉我的双手！"年轻人说。

这时老人就说了："你看，现在你已经拥有100万的财富了，其实你已经是个百万富翁了，对吧？那为什么你还要抱怨命运不佳呢？记住我的话：健康——这是无价之宝，是金钱难以买得到的。"说完老人就走开了。

这是一个发人深省的故事，告诉人们：千万别忘记，在这个世界上，身体是智慧的永恒伴侣。健康的身体是幸福之本，也是成功之本。健康的身体是职业女性容貌美丽的基础、幸福生活的源泉，没有健康，职业女性就等于失去了美丽的资本，因为每天要承受着病痛之累，哪有心思来打扮自己？没有健康，职业女性就不可能有自己的事业，因为工作需要我们全身心地投入，需要我们的精力和体力，一个需要四处寻医求药的女人，哪有多余的体力和精力来胜任工作？没有健康，女性就无法拥有快乐的家庭生活，家庭是女性一生中最为重要的归宿，也是女性快乐的源头，若你一天到晚这痛那疼的，又怎么会有兴致与爱人相谈甚欢、耳鬓斯磨？又怎么能照顾、教育成长中的儿女？让自己拥有健康的身体，才是女性生命中最珍贵、最持久、最无价的财富。我们常说女人只有懂得爱自己，才能得到别人的爱。而爱自己的前提就是先要爱护自己的身体，女人对自己的关爱要从维护自己的身体开始，对身体的自我监测、自我保护是最为基本和迫切需要的。

一位踌躇满志的企业老板，从事铝合金生意，几年时间内赚了一大笔钱，不仅建起了豪华别墅，还买了高档轿车。尽管她每年都有数百万元的赚头，但对员工却非常小气，对自己也很刻薄。为了省钱，她去南方购原材料来回都坐火车而且是硬座，吃的是方便面，住的是设备很差的小旅馆。

有一次，押货回来的路上不幸翻了车，她负重伤住进了医院，因抢救及时，两条腿总算保住了。经过这场劫难，这位老板简直像变了一个人。无论在家里还是出差，都尽可能地照顾好自己，然后才是业务，对员工的态度也大有改变，一改往日的刻薄与凶蛮，开始以温和谦恭的面目出现，对员工的待遇和安全也关心起来。

有人对此百思不解，问她何以前后判若两人，她直言不讳地说："以前我是使用加法来衡量人生的——人活着就要千方百计赚钱，日积月累地发展。自从上次出事后，我发觉人生适宜于减法——如果我上次在车祸中丧命，一切都不复存在。所以，一个人不要把人生的目标定得太高，重要的还是健康地活着，比起健康地活着，一切都显得微不足道。"

不论你事业做得有多大，不论你有多忙，都不可以忽视健康的重要。只有拥有健康才能拥有一切，才是最幸福的。学会关注自己，学会保护自己，身体健康，才能更好地享受人生。做一个女人，就要做一个健康的女人。要能从饮食、美容、心理、身体等各个方面来打理自己的健康身体，让自己时刻绽放出魅力的光彩。健康的女人宛如一株清新怡人的白玉兰，自自然然的活力美感带给人一种很舒心、很惬意的感觉，值得久久地回味，健康女人的魅力是永远的，即使容颜老去，魅力依旧。健康的女人，不一定是最有魅力的；而最有魅力的女人，一定是拥有健康的。

第九章　心态阳光，生活精彩：优秀职业女性让人生更加精致和从容的智慧

心态决定一切，生命的质量取决于心态的好坏。一个人只有心态阳光，万事才能看得开，才能活得真实，活得潇洒，活得精彩。一个女人，如果没有良好的心态，智商再高也会受到生活的嘲弄。端正自己的心态，用积极、乐观的态度面对生活，你会发现，生活中不如意的事情变少了，心情也越来越好了，这才是精彩人生的真谛。

1

跳出别人的视线，幸福的定义只关乎自己

“幸福是什么？”这个问题被问了一千遍一万遍，但不管什么时候你问不同的人，总会得到不同的答案。有记者曾经就这个问题对街上的行人做了一个随机采访。悠闲的穷人说：“有钱就是幸福。”忙碌的富人说：“清闲就是幸福。”下岗的工人说：“工作就是幸福。”工厂的职工说：“不上班就是幸福。”流浪的孤儿说：“有家有父母就是幸福。”垃圾拾荒者说：“多捡些破烂就是幸福。”双腿残疾的人说：“站立起来就是一种幸福。”对于不同的人来说，幸福都会有所差别，幸福从来就没有标准答案。只要你感受到了，那么，你就是幸福的。

白岩松说：“幸福就像鞋一样，合不合脚只有自己知道。”幸福只有身在其中，才能有深切的体会。幸福是人们对自己理想的生活感到满足的一种主观感觉，是自然而然地发自内心的感受，而非客观的标准。自己是否幸福，不是由他人来评判；反之，你也不能评判他人是否幸福。既然是主观感觉，就会因人而异，世上没有两个人的条件完全一样，但两个人都有可能获得幸福感。在现实生活中，达官贵人和富豪也不一定有持久幸福感，平民也不一定没有幸福感，关键取决于定义中的条件是否都具备。幸福的感觉不一定是持久的。幸福感可能会随着思想状况、物质状况、身体状况以及环境状况的变化而变化。有幸福感的人，在思想和心态上必然是

无忧无虑。因此，一个心存烦恼和忧虑的职业女性，是不会有幸福感的。有幸福感的职业女性，在言论和行为上必然是随心所欲，不是受约束和被迫做事，而是自由、自愿地做自己感兴趣的事。有幸福感的职业女性，必然享受着自己理想的精神生活和物质生活。每个人的理想都不一样，想追求的精神生活和物质生活也就不一样，不能用统一标准去衡量，它取决于每个人的人生观和价值观。

青蛙整天在池塘里闷闷不乐地游着。池塘很小，她总是东磕西碰。“真不幸啊！这样的生活太悲惨了！闷死啦！”

“困在这潭泥水里，我烦透了！我好可怜！幸福到底在哪里呢？”

青蛙一会儿大喊大叫，一会儿吐着泡泡，一会儿手舞足蹈……最后，池塘里的居民们被她吵得受不了了。

蟾蜍老乔终于忍不住了，怒气冲冲地嚷起来：“青蛙！你有完没完！我听够了你的抱怨！到别处找你的幸福去！”

“呱！怎么找呢？”青蛙说完，就上路寻找幸福了。

青蛙翻山越岭，下定决心要找到她的幸福。经过一片田野时，青蛙遇见了兔子让·雅克：“嗨！你好！我是青蛙。我离开了我的池塘，想去寻找幸福……你知道幸福在哪里吗？”

“当然啦！”兔子让·雅克回答，“要想过得幸福，就得有藏身之处。幸福就在我的洞里，来吧，我们挤一挤，给你腾个地方。”

“呱！”青蛙在兔子窝里憋得喘不过气来。她很快厌烦了让鼻子痒痒的兔毛，还有整天啃胡萝卜的生活。她决定离开。

青蛙一直跑到茫茫的大沙漠里。她迷路了。“你为什么气喘吁吁？”孤单的骆驼苏格拉底问她。

“我在寻找幸福。”青蛙回答。

“要想寻找幸福，就不能太匆忙。你看，这里阳光灿烂，让我们好好享受吧。这才是幸福的秘诀。慢慢走，欣赏美丽的风景，还要懂得休息，这是智者的劝告。”骆驼说。

“呱！可是这里实在太热了。”青蛙口渴极了，太阳快要把她烤焦了。青蛙和苏格拉底挥手再见。

青蛙来到海边。大鲸鱼苏菲从水下冒出头来，吃惊地问：“你要独自游过大海吗？”

“是啊。”青蛙回答，“我要寻找幸福。”

“横穿大海可不容易。到我背上来吧。我带你过去。”

“小青蛙，你看，幸福就在那里——海天相接的地方。”

“呱！”青蛙惊喜地叫起来。苏菲不知疲倦地游啊游，可是天际线却一直离她们那么远。

突然，天空中飞过来一群海鸥。“哈！哈！哈！”她们冲过来啄起青蛙。“这鱼长得真怪！”馋嘴鸥贝托尼冷笑着把青蛙叼到了空中。“我不是鱼，我是一只青蛙！请你们放了我吧。”

就在这时，一阵风吹过，风把青蛙卷了起来。她觉得自己像一片很轻的羽毛……扑通！青蛙一头栽进了自己的池塘里。

一阵浓浓的幸福感涌上了青蛙的心头。“啊！朋友们，真高兴又见到你们了！这次旅行太神奇了，我有好多故事要讲给你们听呢。”青蛙大喊大叫。蟾蜍老乔终于忍不住了，怒气冲冲地嚷起来：“青蛙！你有完没完！赶紧告诉我们幸福到底在哪里……然后闭上你的嘴。”

“朋友们，”青蛙小声地说，“我发现了幸福的秘密。嘘！小声点儿。幸福原来就在这里，就在我们居住的池塘里。但是，幸福也在别处，田野、山顶、沙漠、大海、天空，到处都有幸福。我们想要幸福在哪里，幸福就会在那里。真的。”

幸福从来就不爱玩捉迷藏的游戏，不论你身处哪里，幸福都会与你形影相随。只是太多的人注意着阳光灿烂的远方，而忘了身边最亲近的幸福的影子。是的，只要你拥有一颗细腻的心，那么，幸福也就无处不在。幸福的重点不在于追求的结果，不在于钱财的多少、权贵的大小，而在于懂得珍惜并感恩你目前所拥有的一切。因此，也有人说："幸福不在于你拥有什么，而是在于内心对你所拥有的感到满足。"

幸福是一种感觉，是女人心海里亮丽的一道彩虹。当幸福折射到女人的脸上时，呈现的是美丽，是从容，是自信，是满足，如果说女人是花，那么幸福就是这花最好的滋养品，在幸福的滋润下，女人这朵花会开得最灿烂、最绚烂。追求幸福是每一个职业女性的终极目标，享受幸福是每一个职业女性的神圣权利，创造幸福是每一个人义不容辞的责任。追求幸福的权利，是人诸多权利中最基本又最普遍的权利。对幸福的追求是人们从心灵深处发出的呼唤。作为一个平凡的女人，我们渴望生存的愉悦，追求生命的快乐。这需要我们积极勇敢地追求自己的幸福。只要我们乐于去做一个幸福的人，努力去做一个幸福的人，那就是最美的。

2

积极的心态让女人如花盛开

很多人喜欢用花来比喻女人，确实，女人给人的感觉就是温柔漂亮。女人如花，装点这个世界，她们年轻的时候，走到哪里都是一道风景，因为有了年轻的女孩子，便多了很多爽朗的笑声和明丽的色彩。因此，不管何时，优秀职业女性都该有花一般的情怀和心态。这种心态应该是一种积极快乐的精神。

一个人拥有什么样的心态就会有什么样的行为方式，而行为方式又决定着一个人的人生走向。良好的心态能成就一个人，不良的心态也能毁掉一个人。一个女人，如果没有良好心态，智商再高也会受到生活的嘲弄。成功学的始祖拿破仑·希尔说，一个人能否成功，关键在于他的心态。成功人士与失败人士的差别在于成功人士有积极的心态，而失败人士则习惯于用消极的心态去面对人生。有些人总喜欢说，他们现在的境况是别人造成的，环境决定了他们的人生位置。这些人常说他们的想法无法改变。但是，我们的境况不是周围环境造成的。说到底，如何看待人生，由我们自己决定。我们要端正自己的心态，用积极、乐观的态度去面对生活，你会发现，生活中不如意的事情变少了，自己的心情也越来越好了。

有一天，一个雕塑家发现自己的面貌越来越丑了。“丑”并非指肤色、五官（他原来长得很不错的），而是指神情、神态，怎么就那样“狡诈”“凶恶”“古怪”，以至于使面相本身也让人感到可怕。

他遍访名医，均无办法。因为，吃药也好，整容也好，都无法医治五官之间的“关系”——无法医治一个人的愁眉苦脸，无法医治“满脸横肉，凶神恶煞”。

一个偶然的机会，他游历一座庙宇时，把自己的苦衷向长老说了。长老说，我可以治你的“病”，但不白治，你必须为我先做一点工——雕塑几尊神态各异的观音像。雕塑家接受了这个条件。

在中国千百年的传统文化中，观音是慈祥、善良、圣洁、宽仁、正义的化身，她的面相神情，自然就是人民群众心中这些概念的形象化、典型化。

雕塑家在雕塑过程中不断研究、琢磨观音的德行言表，不断模拟他的心态和神情，达到了忘我的程度。他相信自己就是观音。

半年后，工作完成了，同时，他惊喜地发现自己的相貌已经变得神清气朗，端正庄严。

他感谢长老治好了他的病。

“不，”长老说，“是你自己治好的。”

此时，雕塑家已找到了原来“变丑”的病根。过去两年，他一直在雕塑夜叉，整天想的是怎样表达夜叉的“凶恶”面相，导致自己的相貌变丑。可见，美与丑，并不在于一个人的本来面貌如何，而在于他心里是如何看待自己的。

从成功学的角度来看，人的心态只有两种：积极的和消极的。成功是由那些抱有积极心态并付诸行动的人所取得的。对同一件事抱有两种不同的心态，其结果是相反的。一个人成功的真正原因是他的积极想法和乐观心态。心态决定人的命运，只要我们有积极的心态，善于发现生活中的美，快乐就会时时伴随在我们左右。如果你的心态积极了，你会觉得阳光是那样明媚，天空是那样蔚蓝，空气是那样清新，小鸟的叫声是那样的欢快、悦耳，这时你的笑容也会挂在脸上，你的步履也会变得轻盈，你会情不自禁地哼起小曲！

席慕容曾经说过“是花就要美丽一次”。看花的时候，也经常惊诧于花的美丽。不管是星星点点地开放于无人的荒野，还是亭亭玉立于优雅的厅堂，或是开放于争奇斗艳的公园花圃，它们其实并不为别人美丽，它们的盛开只为了自己的使命。它们不会因为无人欣赏而错过花期，亦不会因为众星捧月般的娇宠而常开不败，比如昙花，不会因为世人的惊诧与珍惜而多出一分留恋。也正因为如此，它们才有了属于自己的骄傲。优秀职业女性也应该如此，让自己的积极心态如花般盛开。

记得一位哲学家讲过：“生活像镜子，你笑他也笑，你哭他也哭。”这是因为积极的思想意识能够指导人们采取积极的行动，促进事物的良性发展；相反，悲观的思想意识会引导人们采取消极的行为，对事物发展产生阻碍作用。世事难料，不如意事十之八九，经常会有一些我们难以预料的事发生。如果一个人心态良好，积极面对人生，时时刻刻以挑战者的姿态准备迎战挫折与困难，那么最终一定能够到达成功的彼岸。反之，如果心态不好，做任何事情都没有动力，消极怠工；遇到困难更是小题大做，怨天尤人，那么再小的问题都会成为成功路上的绊脚石。所以，我们要学会以乐观的心情微笑着面对生活，这样生活才会回报给我们微笑。

3

微笑是女人最美丽的表情

微笑是最迷人的表情，将微笑挂在脸上的女人，才是幸福的女人。微笑让女人有着美丽的心情；微笑让女人有着宽松的环境；微笑让女人有着迷人的风采；微笑让女人有着青春的容颜！微笑的女人是温柔的，微笑的女人是慈爱的，微笑的女人是可亲的。职业女性需常把微笑挂在脸上。

小雅毕业于名牌大学。投简历时，她看到一家大型公司在招聘“有经验的设计师”，就抱着试试看的态度投了简历。

几天之后，她意外接到该广告设计公司人事部经理的电话，让她在第二天下午到广告公司参加集体面试。当人事部经理问她几点可以达到时，她想自己对用人单位所在的地址不是太熟悉，晚一点可能会更充裕一点，就回答下午3点。当天晚上，她不到10点就上床睡觉了，以便第二天能保持一种充沛的精神风貌。

第二天下午1点半午睡起床后，她把自己的求职简历和相关的各种资料整理好，按自己想象的需要次序放入到背包中，穿上整洁干净的衣服，提前一小时就出发了。

在用人单位所在的办公楼下，她很有礼貌地向保安打听清楚“人事部”所在的楼层后，又打开背包，检查了一下所带的求职资料，安定好自己的紧张心情，就面带微笑、自信十足地准时敲开用人单位的大门。

让小雅感到惊奇的是，在众多条件都比她好的应聘求职者中，她是唯一被公司直接留下来的。在成了这家广告公司的一名正式员工后，一次偶然机会，总经理无意中提起选择她的原因：“是你的微笑感染了我，通过微笑，我能看到你有一种其他求职者不具有的自信。”

小雅这才明白自己被录取的原因，并不是因为幸运，而是她的微笑。在此之前，她一直以为名牌大学学历和不错的能力才是求职的绝对资本呢。

小雅工作后，她除了尽最大努力来保质保量地完成公司经理交给的各项任务外，平时总是一脸微笑，无论是上司，还是普通员工，她都会向他们投去善意的笑容，很快她就同其他同事打得“火热”了。于是在进入公司不到两个月时，就结束了试用期。半年后，她被总经理任命为创意主管。

在工作和生活中微笑最美、最有吸引力。当男人与女人吵架时，只要女人开始微笑，立刻就能化解敌对的气氛，让两个人的关系变得和谐而甜蜜。当有人心情不好时，只要出现了女人的微笑，立刻就能让乌云变成彩虹，连空气都有了幸福的味道。当有困难无法解决时，只要有女人的微笑，立刻就能让一切问题迎刃而解，再痛苦的事都会变成快乐。微笑的女人是快乐的，也是幸福的。每天甜美微笑的女人才是最美的女人。学会了微笑，你的生活就会变得丰富而且充满意义。学会了微笑，你会更容易理解他人，也更容易被他人理解。

据说，人在笑的时候，要使用13块面部肌肉，而在皱眉蹙额时，则要使用47块面部肌肉。正因为如此，所以谁都会觉得笑的时候快乐而且自然。有这样一篇箴言：“一个微笑不费分文但给予甚多，它使获得者富有，但并不使给予者贫穷。一个微笑只是瞬间，但有时对它的记忆却是永恒的。一个微笑为家庭带来愉悦，为同事带来友情。它也能为友谊传递信息，为疲乏者带来休憩，为沮丧者带来振奋，为悲哀者带来阳光，它是大自然中消除烦恼的灵丹妙药。然而，它却买不到，借不了，偷不去。因为在被拥有之前，它对任何人都毫无价值可言。有人已疲惫得再也无法给你一个微笑，那就请你将微笑赠予他们吧，因为没有一个人比无法给予别人微笑的人更需要一个微笑了。”

朱琳是一名普通的职业女性。她与众不同的地方是有一面十分精致的小镜子。每当午休的时候，她都拿出来照一照。而且她常常独自一个人对着镜子微笑。

原来，她在3年前得了乳腺癌，丈夫在她刚刚做完切除手术后，就和她离婚了。她带着只有5岁的女儿生活，整天垂头丧气，常常泪流不止。很长一段时间，她都打不起精神。她说，那时感觉天空都是灰色的。有一天，她站在镜子前，看到镜子里映出一张陌生的脸：那张苍白的脸没有一丝血色，眼神也变得呆板而茫然。她当时就吓了一跳，自己原来那张年轻、俊美的脸到哪里去了？她努力对着镜子笑了笑，才稍稍感觉自己有了一丝生机。她接着又笑了笑，顿时变得神采奕奕。她的心情也随之振奋了一下。她暗自对自己说：“无论发生什么事情，我都要坚强、快乐地活下去。”

于是，她常常对镜子里的自己微笑。此外，她用业余时间搞创作，发表了许多文学作品，也收到大量的读者来信。她活得越来越充实，工作也做得越来越出色。她和周围的人相处得很融洽，因为她常常对人们友善地微笑，人们也同样回报她以微笑。

朱琳用她的亲身经历告诉我们：懂得对自己微笑的人，她的心灵天空将随之晴朗；懂得对生活微笑的人，将会拥有美丽的人生。如果你觉得自己没什么长处，但你总会微笑吧。一句谚语说道："当你微笑时，世界也在对你微笑。"学会微笑，保持微笑的职业女性，一定会得到幸福的回报。不管遇到什么事情，都请平静地微笑吧！这就是人生。

4

宽容让心灵得到滋润

宽容是生命旅程中的一种养分，是一种生存的智慧、生活的艺术，是看透了社会人生以后所获得的那份从容、自信和超然。学会宽容是一个女人成熟的标志。宽容不会让人失去什么，反而让人得到更多。人的心灵就像一个容器，美好的东西占的空间越大，仇恨所占的空间就越小。职业女性多一点宽容之心，既是善待别人，更是善待自己。

一则禅宗的故事最能诠释"宽容"二字的内涵：慧能大师是终南山一

有道高僧。寺旁有一少女，与仇家之子相恋，生下一子，其父责问是谁的儿子，此女被逼不过，又怕心上人吃亏，就随口说是慧能大师的。其家人把新生儿送到庙中，并对慧能大师百般羞辱。慧能大师什么也没说，就把孩子抱入庙中，把同道的冷嘲热讽当作耳边风。为了使新生儿活下去，他每天下山为孩子找奶吃，任人们往脸上唾口水，毫不在意，只当是自己的孩子一般。后来两家和好，相爱的年轻人终成眷属。两人至此才说出真相。女家很不好意思，人们知道真相后，纷纷为慧能鸣不平。大家一起上山向慧能大师表示歉意。慧能大师什么也没说，把已经会走路的小男孩交给小两口，就进庙去了。大师的无言，不正是对“宽容”一词的最好注释吗？

宽容是滋润心灵的甘泉。俗云：“泰山不辞土壤，所以泰山才会高大；大海不择细流，所以大海才更宽广。”我们只有拥有宽容，我们的人格才会更加崇高，只要我们人人都能相互宽容，我们的世界就会变得更加温馨、和乐。优秀职业女性喜欢用一颗宽容的心去对待别人。如果把仇恨仅仅当作仇恨，那么它们除了禁锢你的心灵外，似乎一无是处。假如用宽容代替仇恨，它能带给人们与人为善的力量，你就会觉得绿水青山、碧云蓝天，无一不是令人赏心悦目的彩图。

第二次世界大战期间，前苏联在付出巨大的代价之后，终于取得了莫斯科保卫战的胜利。人们纷纷涌上街头庆贺。只见成千上万的德国战俘被荷枪实弹、威风凛凛的苏联士兵押解着走进莫斯科。

战俘过来的时候，这些原本善良的人们愤怒了，就是这些战俘，让他们失去了亲人。对敌人满腔的仇恨和失去亲人的哀伤交织在一起，人群开始出现骚动。有人大喊“打倒法西斯”，有的直接就拥上前去撕扯战俘。负责维持秩序的警察企图阻止，可是在汹涌的人潮中根本就无济于事。最后警察和士兵手拉手组成人墙，才勉强将人潮挡住。战俘低着头慢慢地走过，他们个个衤衫褴褛，步履蹒跚，好像每向前迈一步都十分艰难。他们有的头上裹着绷带，有的失去了双腿躺在担架上不断发出痛苦的呻吟，有的可能是聋了，脸上没有任何表情，一片茫然。他们面对激怒的人群，出于本能，目光中充满了恐惧，不断向后退缩，有的甚至吓得瘫软在地。担架上的重伤员，更是满脸的恐慌和无奈。

这时，一个中年妇女，在混乱中挤过人墙，冲到一个受伤的战俘面前，举拳要打。当她走近的时候，却没把拳头落下来。眼前的战俘头上打着绷带，破烂的军装上沾满血迹，脸上的稚气看得出他还不到20岁，面对举起的拳头，他无法躲闪，只是闭上了眼睛，流下了不知是害怕还是愧疚的泪水。中年妇女呆呆地站在那里，怔怔地看着这个年轻的战俘，心头一阵剧痛，她好像从这张充满稚气的脸上看到了他刚刚战死的儿子的影子。

妇女犹豫了一下，叹了口气，拳头无力地垂了下来。妇女从怀里掏出一块用纸裹着的面包，轻轻地递到了他的面前。年轻的战俘几乎不敢相信自己的眼睛，他惊恐地盯着妇女，不敢伸手去接。直到妇女硬塞给他时，他才如梦初醒，抓过面包连纸都顾不上撕就塞向嘴里，看来他已经几天没吃东西了，饿得什么都顾不上了。妇女用颤抖的双手轻轻抚摸着战俘的头，失声痛哭起来。

悲痛的哭声撕心裂肺，骚动的人群一下子静了下来。人们惊呆了，一个个用惊异的目光注视着眼前的一切。空气仿佛凝固，整条大街一片死寂。良久，人们好像才醒悟过来，这时，出人意料的一幕出现了：那些老人、妇女、孩子，纷纷拿出自己的面包、火腿、香肠等各种食品，慢慢向受伤的战俘走去……

《圣经》说：“心怀爱心地吃蔬菜，比心怀怨恨地吃牛肉要好得多。”也许，我们确实很难做到像圣人那样，去爱我们的仇敌。但是，你要会爱自己，为了我们的快乐而健康地生活，我们可以去原谅他们，忘记他们，这样做是非常明智的。因为我们不能让我们的敌人控制我们的快乐、健康和外表。

宽容是做人的一种境界，它是送给他人也是送给世界的最好的礼物。宽容一方面表现在处事上不愤世嫉俗、不感情用事。生活中，确实存在很多矛盾和困难：物价上涨，住房拥挤，人际关系紧张，还有这个“难”，那个“难”，真让人有点喘不过气来。诅咒、谩骂、生闷气都无济于事，倒给疲惫的身躯又增加了几分新的负担。只要冷静观察，就会发现人们的生活本来就是苦、辣、酸、甜、咸五味俱全。在生活中，职业女性“看不惯”的很多，理解不了的也很多，失望的也很多。但人的能力毕竟是有限的，愤世嫉俗不会改变事态的发展。优秀职业女性应当适应事件的发展，在适应中发现“破绽”，掌握改造的契机和应知应会的本质，而不是游离其外去指手画脚，这就是一种宽容的表现。另一方面，宽容体现在对别人的不苛求，“但能容人且容人”。每个人都有自己的思维、工作、学习、生活习惯，既有其长处，也有其短处。在社会生活中，人们总要同各种各样的人打交道。所以，为了生存和发展，为了事业的成功，优秀职业女性要学会宽容。

5

世事多纷扰，看淡心自宁

平淡，是一种理性，一种坚韧，是在漫漫人生旅途中闲看云卷云舒、花开花落的心境，它反映了一个人的修养、性格和气度，是一种和谐、健康、文明的精神状态和生活方式。不管从事什么职业，职位高低，财富多少，假如能够做到平淡，就说明达到了人生的一种最高境界。

居里夫人都是世界知名的科学家，居里夫人是世界上唯一两次获得诺贝尔奖的女科学家，但她生活俭朴，不重名利。

各种勋章、奖章是荣誉的象征，是许多人梦寐以求的宝物，可居里夫妇视之如废物。1902 年，居里先生收到了法兰西共和国大学理学院的通知，说是将向部里提出申请，颁发给他荣誉勋章，以表彰他在科学上的贡献。务请他不要拒绝接受。

居里和夫人商量以后，写了一封回信："请代向部长先生，表示我的谢意。并请转告，我对勋章没有丝毫兴趣，我亟需一个实验室。"

居里夫人的一位朋友应邀到她家做客，进屋后看见居里夫人的小女儿正在玩弄英国皇家协会刚刚授予居里夫人的一枚金质奖章，惊讶地说："这枚体现极高荣誉的金质奖章，能得到它是极不容易的，怎么能够让孩子玩呢？”居里夫人却说：“就是要让孩子从小知道荣誉这东西，只是玩具而已，只能玩玩，绝不可以太看重它，如果永远守着它，就不会有出息。”可见，居里夫妇重视事业，不重名利。

世界上没有什么东西是永恒的。钱财名利，像足球一样，圆圆的，今日可能滚向这一边，明日也许会到那一边。当我们这样去评判世事时，便不会为某人一时一事的发迹而眼红。学会凡事看淡一些，不计较、不牵挂，无论怎样都不要失去好心情。把握住自己的心，让心情平淡、洁白、安静。人要知足，才会心静如水，一颗平静如水的心，会让我们拥有一片湛蓝的天空，一方悠闲的心灵净土。

诸葛亮曾写道：“非淡泊无以明志，非宁静无以致远。”这是优秀职业女性一生都必须要记住的。所谓淡泊，就是指在光怪陆离的商品社会中，坚持自己的节操，维护自己的清爽如水的高洁品质，甘于宁静和寂寞；不为锦衣玉食，而是心存高远有明志，并为之努力奋斗。这一原则之所以可行，在于它始终坚持了自己的生存方式，有一个自己确信有价值。并且值得奋斗的志向。正因为一心奔着这样一种较高的目标，故生活中的蝇头小利，在那些“淡泊明志，宁静致远”的人看来，都自然是不屑一顾的。即使是诱人的，而只是完全可以得到的东西，也不会为之动摇。当然，淡泊还有一层含义，就是指对人生有了一种深刻的洞察和把握，真正地认识到大凡名利之类的东西，都是生不带来、死也不带走的身外之物。这样，便可以在各种场合中，处于泰然自若的地位。反之，在汹涌的商品大潮中便会失去自我，在诱人的名利面前便会成为奴隶。在现实社会中，面对荣辱我们都很少能理智地对待，所以职业女性必须要让自己拥有一颗“淡泊明志，宁静致远”之心。

一只美丽的天鹅有一天落在地上时，看见了一只健壮的鸭子，她立刻被这只帅气的鸭子所打动。于是，天鹅向鸭子表明了爱意。受宠若惊的鸭子立刻接受了这份爱。

从此，天鹅与鸭子在土地上生活着，在泥塘边生活着。天鹅让鸭子学习飞翔，鸭子虽然很努力地去学，但终归只是只鸭子，最后还是失败了。

鸭子说："亲爱的，你抓住我，带我去飞吧。"

天鹅抓住鸭子，扇动翅膀，非常吃力地飞上了蓝天，在天上飞了一会儿就落地了。

在那之后的日子里，鸭子每天都要求天鹅带他飞上天，而且要求飞翔的时间也越来越长，贪心越来越重。疲惫的天鹅因为爱着鸭子，虽然身心俱疲，却依然会答应鸭子的要求。

这一天，鸭子又让天鹅带他去飞上蓝天。天鹅勉强抓住鸭子飞上了天，飞得很高，很高，很高，然而天鹅实在承载不了鸭子的重量，最后不得不松开了抓着鸭子的爪子……

这个故事告诉我们：做人要懂得知足，莫要贪恋太多。人的欲望是无穷的，就像是一个永远也填不满的无底洞，如果人们总是为了名、为了利而上下奔波，为了钱、为了权而日夜烦恼，让种种不断攀升的欲望，驱使着我们努力去工作，去赚钱，结果只能是生活节奏越来越快，钱也越来越多，但是我们也陷入了一个越来越深的痛苦深渊，到最后不仅期望的快乐不会如期到来，反而会沦为欲望的奴隶。所以，永无止境的欲望就像是一碗致命的毒药，无论谁喝了都无药可医。对此，优秀职业女性要学会知足。所谓知足，就是对现有的生活或者状态感到满足，不去刻意地和别人盲目攀比，时刻保持一种平和的心态。如此你便拥有了"淡泊明志，宁静致远"的人生境界，不为俗世名利所染，宠辱不惊，物我两忘，享受平淡带来的幸福和欢乐。

6

懂得感恩，珍惜自己拥有的一切

感恩是一种追求阳光生活的心态。在职场中，有了感恩工作就会变得如游戏一般简单轻松，人才能够在工作中实现自我，得到满足。人的欲望是无穷的，但只要我们懂得感恩，懂得珍惜眼前已有的一切，我们便会迅速富足起来。这不是一种自欺欺人，而是一种精神的升华。感恩，不仅仅体现在工作当中，还存在于生活的方方面面。职业女性只有把感恩融入你的生命里的时候，你才会真正体味到它的妙处。

正如一篇小短文所说的：

当清晨醒来，如果你还依然健康，那么你就比将要在下周去世的数百万人幸运。

如果你没有饱受战争的摧残、牢狱的孤独和饥饿的痛苦，那么你就比世界上5亿人幸福。

如果你有食物、有衣服和鞋子穿，住在有屋顶和墙壁的房子里，那么你就比世界上75%的人富裕。

如果你的银行还有存款，口袋里还有零钱，储蓄罐里还有硬币，那么你就属于占世界人口8%的富裕一族。

职业女性要学会感恩，懂得感恩，时时用一颗感恩的心来对待周遭的一切，更要懂得珍惜，珍惜你拥有的一切，珍惜亲人、珍惜朋友、珍惜每一件值得珍惜的事。心怀感恩，生活会是一朵永不凋谢的花；懂得珍惜，幸福也就常常不期而至。

因为感恩，人与人之间的距离越来越近；因为感恩，世界变成了爱的海洋；懂得珍惜，生活中的很多苦恼就会豁然开朗；懂得珍惜，生活就会减少很多缺憾，增添很多快乐。感恩的心，让你看到我珍惜的手，拥有一颗感恩的心，你就能时时触摸幸福。活着，便是一种莫大的幸福。珍惜今天，莫让等待妨害人生。艳羡别人，不如珍惜自己的生活。谁珍惜生命，谁就延长了自己的生命。

尊重他人是对生命的一种感恩，每个生命都从不卑微，用信任的春风催开幸福的花朵，用真诚的钥匙打开尘封的心门，用欣赏和微笑的目光去善待生命中与你相遇的每一个人。人与人相遇，靠缘分；人与人相处，靠诚意；人与人相知，靠真情。正因为人世间每一份缘分都来之不易，自当倍加珍惜！它是可遇不可求的精灵，真诚的心才能写出友谊的童话，懂得付出的人、懂得珍惜的人才是真正富有的人。

有了感恩，职业女性无论是在平时的社交还是在工作之中都能以一颗和平、宽容的心去对待一切。俗话说：最大莫过于养育之恩，而知遇之恩是仅次于养育之恩的。我们能加入社会这个大家庭，不仅需要我们个人的努力，还要有公司领导的识才、爱才，才能让我们有展示自己才华的舞台，所以我们要懂得感恩，珍惜我们所拥有的机会，努力工作，认真负责，报答领导的知遇之恩。在日常工作中，当我们怀着一颗感恩之心时，我们才能做到把工作当成自己的事情去完成，亲力亲为才能把事情做好。

生活要快乐，更要幸福，感恩不需要回报，它需要心心相传。感恩之心是人生最珍贵的所有。一个懂得感恩的人，一定是具有良好修养的人，一个真诚待人的人，一个洒脱的人、幽默的人。其实，拥有一颗懂得感恩的心是人们通向快乐之门的钥匙。感恩，你可以倾己所有，可以以性命相报，但也许不需要你多少物质的回报，只需要你一个真诚的微笑，一句暖心的话语。然而，感恩却可以让世界充满温馨的气息，让生活充满明媚的阳光。

7

静静地享受阅读的快乐

读书之乐，源于意而头于心，愈长愈远。海伦·凯勒曾说过：“一本好书就像一艘船带领着我们从狭隘的地方驶向生活的无限广阔的海洋。”爱读书的人无论走到哪里都是一道独特的美丽风景。读书为人生带来了最美妙的时光，一个人当他沉浸于文学世界中时几乎可以称得上是世界上最幸福的人。腹有诗书气自华，滋润灵魂的精神食粮，永远不嫌多。读书的职业女性，她们以聪慧的心，以宽广质朴的爱，善解人意的修养，将美丽写在心灵。读书，使她们更潇洒；读书，为她们添风韵。即使不施脂粉也显得神采奕奕、风度翩翩。读书的职业女性，在生活中从来不会引领时尚新新一族，她们幽静美丽的生命，在琴棋书画中绽放光华。读书的职业女性，举手投足间自有一种韵味和风华。美丽的女人会衰老，读书的女人不会衰老。读书让女人以内养外，滋润养颜。因为读书，她们无论走到哪里都是一道亮丽的风景。是气质，是修养，是浑身流溢的书卷气，使她们显得与众不同。她们可能貌不惊人，但她有一股内在的气质：优雅的谈吐超凡脱俗；清丽的仪态无需修饰。这是静的凝重，动的优雅；那是坐的端庄，行的洒脱；是天然的质朴与含蓄的混合。她们像水样的柔软，似风样的迷人，如花样的绚丽。

吴敏来自台湾，在上海定居已经10多年了。她快人快语，风风火火，热情洋溢，聪明干练。虽已人到中年，但仍能看出年轻时的她肯定是个非常漂亮的女孩。从来上海至今，她一直做餐馆，先在东部给人做，后来自己开业当老板。10年来风风雨雨，不管多苦多累，她总是欢欢喜喜，乐在其中，把餐馆打理得干净条理，舒适温馨。她的餐馆坐落在一个繁忙的购物中心。由于她对人热情爽朗，饭菜做得又好又快，价格又十分合理，所以来就餐的人越来越多。许多人成了她的长期食客，也成了她的好朋友，她说是占了风水之利。正说着，一位在附近工作的美国老人来送请帖，邀请她参加他们的周末家庭聚会。其实，这类邀请她已收到过多次，来这里就餐的美国人都喜欢吴敏。同她在一起，美国人常常被她的乐观和豁达所感染，这也许是他们愿意到她那里吃饭，愿意与她交往的原因吧。

吴敏在北京读大学时学的是经济，平时没什么嗜好，最喜欢阅读文学作品。但与众不同的是，她不喜欢琼瑶的小说，说商业化太重，而且只是赚人眼泪，读完也就完了，没有什么收获。她也不怎么爱看武侠书，认为无非打打杀杀，情节太离奇。她喜欢茅盾、老舍、鲁迅等大师，老舍的精品也几乎全部都读过，而且记忆尤深。每天午夜12点从餐馆回到家中，她会让自己在一天的劳累中放松下来，读一阵报纸、杂志，最后拿起自己喜欢的书籍静静阅读。她不喜欢看电视，不喜欢有噪音打扰，就在万籁俱寂的灯光下，伴着她喂养的两只可爱的小白鼠，一口气读到凌晨两三点钟。第二天早晨6点起床，7点半进餐馆，照样神采奕奕里外忙活，做好准备迎接中午的食客上门。她的读书生活如此丰富，读书品味如此高雅，长期的餐馆工作并没有磨蚀掉她对文学的爱好，在当今这个逐步商业化的社会里，不能不说是个奇迹。

读书是职业女性的立身之本。读书的女人是知性的，她们充满智慧与热情。她们勤于思考，冷静而理智。她们能在纷繁复杂的无序中理出头绪，抓住问题的症结，找出解决问题的方法。读书的女子，通常被冠以兰心蕙质之说。书让女人通达、宽容、博学、独立、多思和智慧。读书，能遮掩女人外在很多的缺陷。说出来的话、写出来的文章、做出来的事，都可以让人刮目相看，让人渐渐地忘记她的身材、她的脸，默读她的才情、风韵和智慧。她是一道不事张扬的风景，永远都让人回味的风景线。

书籍是女人的营养品。职业女性的生活里如果没有书籍，就好像没有阳光；她的智慧里如果没有书籍，就好像鸟儿没有翅膀。读书，可以增长见识，陶冶性情，使人的情感更细腻，举止更优雅，气质更深沉。许多成功女人在回顾自己的成长道路时，也常常将人生一些最真诚、最辉煌的瞬间与一本或几本好书联结在一起。一本好书能够给予一个人最初的人生启蒙甚至终生的影响，这有多么神奇！知识从来不怕多，知识是女人智慧的源泉。你倘若天生就是一个漂亮的女人，你首先需要的是注重文化修养，要脱俗，要有自信。千万不要被人称为是“胸大无脑”或“金玉其外，败絮其中”。对于女人来说，无论财富还是名誉，这些都是过眼的东西，你带不来也拿不走，它们都不属于你。只有知识是你自己的，你通过努力学习获得了知识，它永远是你的，没有人能夺走。人要积累财富，只有知识是最好的财富。所以，我们应该做一个善于学习的知识女性，以真正的学识来提升自身的文化素质，这些素质是不会随时间而变老的，反而，会因年岁的增长而更有持久的魅力。

读书的职业女性最美。我们需要读书，只有读书，我们才能有源头活水，滋润心田。通过阅读让我们成为一名气质优雅的人，快乐的人。书带给我们不同于一般的气质和风韵，即使忧伤的眼眸里也有着淡淡的书香的气味。用一颗豁达的心去读书，才能体味书中的微妙之处，汲取书籍中的养料。一本好书，相伴一生。古人云：熟读唐诗三百首，不会作诗也会吟。每天对着窗外的阳光，静静地阅读，那将是一件多么大的幸事啊！

8

学会优雅地生活，活出自己的精彩

女人无论在哪个年龄段都要让自己活得优雅，优雅不仅是出于对美的追求的一种表现，更是一种对待生活的态度。优雅的女人总是能让人感觉清新、舒服，优雅的女人总会让人记忆深刻。所以，优秀职业女性都要学会优雅地活着，在应该盛放的季节尽情地盛放，把自己最美的一面展现出来。

人生要精彩一点，生活才能丰富一点。但是，什么是精彩？精彩就是人生价值。我们虽无法掌控生命的长短，却能选择人生的价值。你的人生价值是什么？相信每个人，都有自己的答案。每个精彩的人物，都是活出生命价值的人，他们站在各自的专业领域中，默默奉献，各展风采，各显魅力。每个人都可以在自己的生命里，展现不同的精彩、不同的美丽！人生不必伟大，只要好好实现生命中每个精彩的想法，就够了。

活出精彩，不是不犯错误。如果没有错误，怎么知道什么是对的？比如，和朋友相处时间长了，说话就会很随意，有时心情恶劣时可能会口出恶言，因为是朋友，他或她会原谅你，你可能意识不到态度的不妥，等成了习惯，就会张狂，被朋友的宽容宠溺出的张狂，就可能会忽略朋友的心情。那怎么办？要学会反思，向对方道歉。活出自己的精彩，除了懂得反思，懂得谦让，懂得宽容外，还要学会沉默。比如，沉默不是整个过程都闭嘴，而是在恰当的时候说一两句，那这一两句也许就成了名言，你也许就为此而以一种优雅的姿态刻进别人的记忆。沉默也可以表现在别人误解你时：有的误解是越辩越不清的，只有交给时间这个公正的法官。那时，你的不辩解就是一种大度、睿智与宽宥，你的沉默可能就变成一种鄙视、不屑，甚至是一种嘲讽和压迫，你也许会成为智者而为世人膜拜。活出自己的精彩，除了精神还有肢体。你的肢体不高大，但你甘作江南的梅雨，在一季潮涨潮落后，让一市黄梅仰面感恩；你的肢体不健硕，但你甘作石灰清白在人间；你的肢体不健全，但你甘成残荷亦育藕……如果你这样地活着，社会一定会为你的精彩动容。

董明珠 36 岁毅然辞掉南京的工作，南下广东打工。从最低层的业务员一直做到珠海格力电器有限公司董事长，还被美国《财富》杂志评为 2004 年全球商界女性 50 强。

在 1990 年进入格力时，董明珠竟连营销是何物都不知道。但凭借坚毅和"难缠"，董明珠连续 40 天追讨前任留下的 42 万元债款，成为营销界茶余饭后的经典故事，令当时的格力电器总经理朱江洪刮目相看。那年她的销售额竟达到 1600 万元，打开了格力在安徽省的销售局面。随后，她被调往几乎没有一丝市场裂缝的南京，隆冬季节，她神话般签下了一张 200 万元的空调单子，一年内，她的销售额上蹿至 3650 万元。自 1994 年底出任经营部部长以来，董明珠领导的格力电器从 1995 年至 2005 年，连续 11 年空调产销量、销售收入、市场占有率均居全国首位。在长期的市场实践中，董明珠摸索出一整套独特的经营方式，销售模式连年创新，被空调界同行及新闻媒体誉为"格力模式"，其独创性的区域销售公司模式还被经济界、理论界誉为"21 世纪经济领域的全新革命"，并被评为"广东省企业管理现代化优秀成果"。

十多年的迅猛发展，格力电器业绩斐然：从一个当初年产不到 2 万台的毫不知名的空调小厂，一跃成为今天拥有珠海、丹阳、重庆、巴西、越南、巴基斯坦六大生产基地、员工人数25000多人、家用空调年产能力超过1500万台、商用空调年产值达50亿元的知名跨国企业。目前，格力电器的净资产达20多亿元，1995年以来累计销售空调4000多万台（套），销售收入近700亿元，纳税超过35亿元，连续11年产销量、市场占有率均居行业第一（据国家轻工业局、央视调查中心等统计资料）。同时，格力电器在技术、营销、服务和管理等创新领域硕果累累，深情演绎了一个中国企业肩负的历史使命和社会责任，让业界为之动容。

董明珠卓越的经营才能和管理水平，得到了社会各界的好评并屡获殊荣：2005年11月，再次荣登美国《财富》杂志评选的“全球50名最具影响力的商界女强人”榜；2006年3月，荣获“2005年度中国女性创业经济大奖”。还曾获“全国五一劳动奖章”“全国三八红旗手”等殊荣。

一个真正追求生活精彩的职业女性，会不断充实自己外在的、内在的双重世界。一个活得很精彩的人，就是能够在生活中自由自在地挥洒，并勇于选择和承担生命责任的人。不管你是贩夫走卒也好，或是达官贵人也罢，每个人都能在有限的生命中，展现无限的自己，别人记住的，不一定是你的头衔或卷标，却一定不会忘记你所曾经拥有过的精彩。能够活得精彩的人，就是能够透透彻彻地了解自己在做什么，自己到底要什么，自己又有什么地方能够做到让别人深感佩服的人。每个人的内心深处都希望自己的生命里，有着绚丽的彩虹。即使平凡无奇的你，倘若有一颗炽热的心、执着的毅力，你依然可以为平凡的生命开出美丽的花朵来。人生终有落幕的时候，美丽终究会消失，如何在有限的人生中活得精彩？也许，我们不必一生都精彩，只要在人生的每个阶段，都有每个阶段的精彩，这就够了。